ScratchJr
趣味编程精彩实例

码高少儿编程 编著

机械工业出版社
CHINA MACHINE PRESS

ScratchJr 是一个入门级编程语言，是麻省理工学院开发的一款基于 Scratch 在平板电脑上的 App 软件。此款软件沿用了 Scratch 的编程思想和方式，更适合从小接触平板电脑的孩子们。本书第 1 章讲解了 ScratchJr 的编程基础，第 2 章～第 19 章以由浅入深的方式讲解了 18 个各种主题的编程实例。

本书适合 5~7 岁的儿童学习参考。

图书在版编目（CIP）数据

ScratchJr趣味编程精彩实例 / 码高少儿编程编著. —北京：
机械工业出版社，2020.3
ISBN 978-7-111-64797-3

Ⅰ.①S… Ⅱ.①码… Ⅲ.①程序设计－少儿读物 Ⅳ.① TP311.1-49

中国版本图书馆CIP数据核字（2020）第028858号

机械工业出版社（北京市百万庄大街22号 邮政编码：100037）
策划编辑：杨 源 责任编辑：杨 源
责任校对：徐红语 责任印制：孙 炜
北京联兴盛业印刷股份有限公司印刷
2020年3月第1版第1次印刷
215mm × 225mm·11.6印张·281千字
0001—2500册
标准书号：ISBN 978-7-111-64797-3
定价：79 .00元

电话服务 网络服务
客服电话：010-88361066 机 工 官 网：www.cmpbook.com
　　　　　010-88379833 机 工 官 博：weibo.com/cmp1952
　　　　　010-68326294 金 书 网：www.golden-book.com
封底无防伪标均为盗版 机工教育服务网：www.cmpedu.com

前 言

    ScratchJr 是一种入门级的编程语言，5~7 岁的孩子可以使用它创建自己的互动故事和游戏。ScratchJr 的灵感来自于麻省理工学院 (MIT) 开发的流行少儿编程语言 Scratch。

    ScratchJr 是 MIT 开发的一款基于 Scratch 在平板电脑上的 App，此款 App 沿用了 Scratch 的编程思想和方式，更适合从小接触平板电脑的孩子们，MIT 的 Scratch 语言已经成为孩子们学习编程的一种选择，而这款 App 的门槛更低。 ScratchJr 的主要设计者是塔夫斯大学的爱略特皮尔森儿童研究部和麻省理工学院媒体实验室的终身幼儿园组。

    现在的交互数字技术是孩子们必须要掌握的技能之一，越早学习这些技术，优势也就越大。ScratchJr 简单有趣的操作界面，是孩子逻辑思维能力养成的奠基石。其丰富的拓展界面还可以把学科类的知识融入其中，通过创作丰富的动态画面，增加对学科类知识学习的兴趣；通过完整作品的设计创作，可以提升孩子的设计感、审美观、创造力，增加对知识的求知欲。

目录 Contents

第1章　新手入门

接下来，将带领大家进入 ScratchJr 编程之旅。

1.1 认识软件

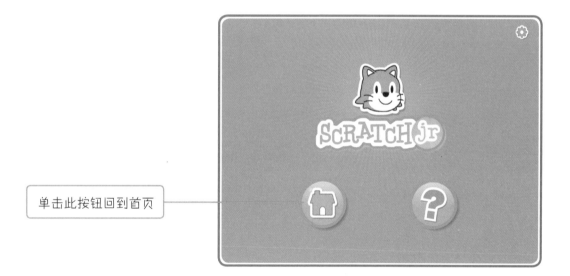

单击此按钮回到首页

添加背景

舞台背景

坐标网格

单击全屏

添加标题

回到初始位置

开始

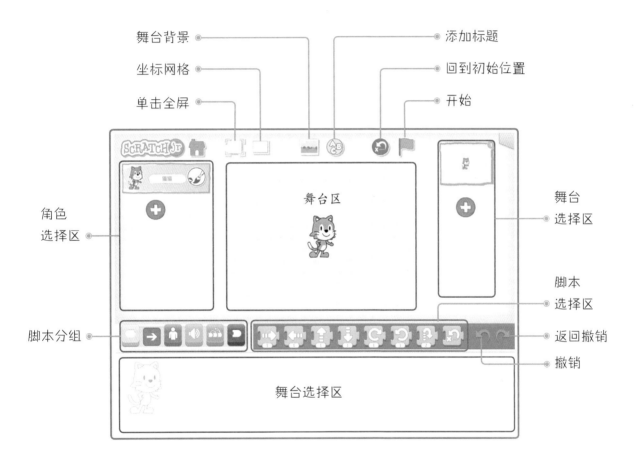

角色
选择区

舞台区

舞台
选择区

脚本
选择区

脚本分组

返回撤销

撤销

舞台选择区

Scratchjr

1.2　软件的应用

1.2.1　删除角色

1. 方法 1

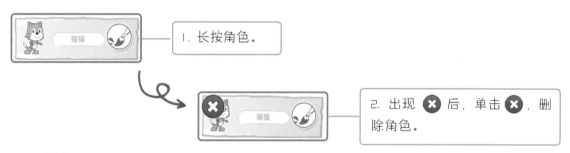

1. 长按角色。

2. 出现 ❌ 后，单击 ❌，删除角色。

2. 方法 2

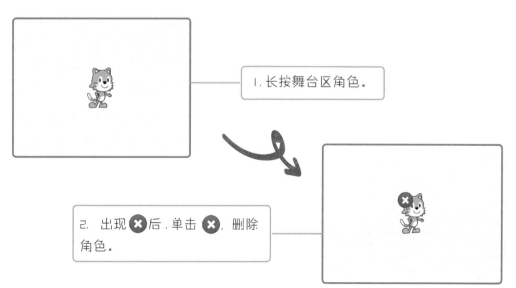

1. 长按舞台区角色。

2. 出现 ❌ 后，单击 ❌，删除角色。

1.2.2 全屏显示

单击此图标 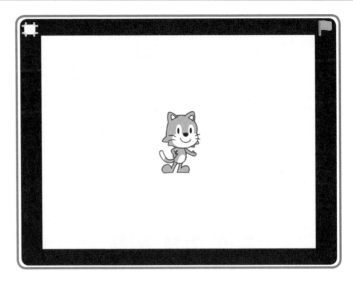 显示全屏效果。

1.2.3 界面操作

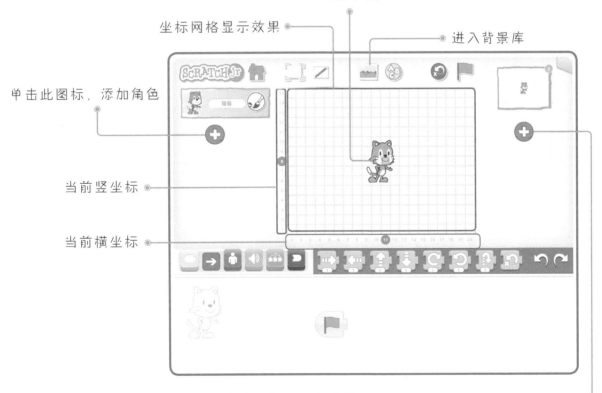

当前位置

坐标网格显示效果

进入背景库

单击此图标，添加角色

当前竖坐标

当前横坐标

单击此图标，添加背景

ScratchJr

1.2.4 背景素材

录入

背景编辑工具

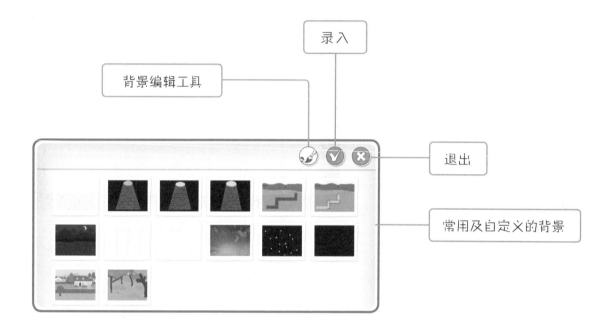

退出

常用及自定义的背景

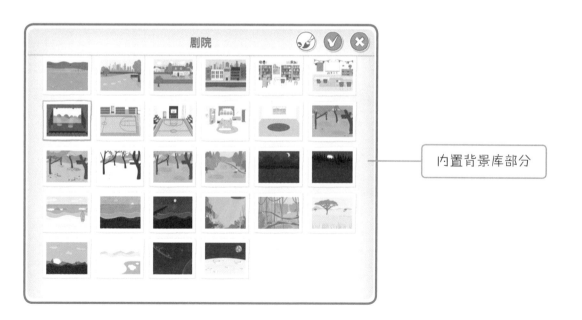

内置背景库部分

1.2.5　背景编辑

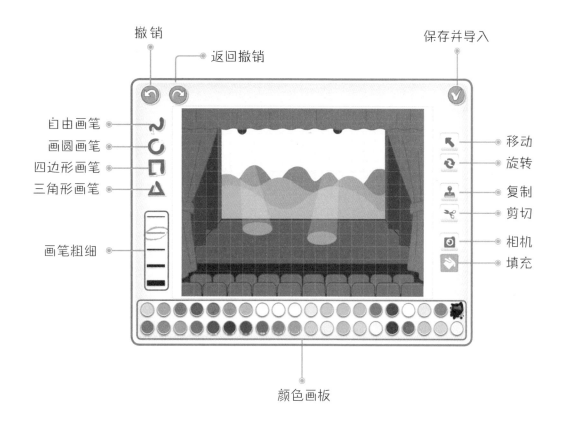

撤销

返回撤销

保存并导入

自由画笔
画圆画笔
四边形画笔
三角形画笔

移动
旋转
复制
剪切
相机
填充

画笔粗细

颜色画板

单击此图标，然后在图①处输入文字

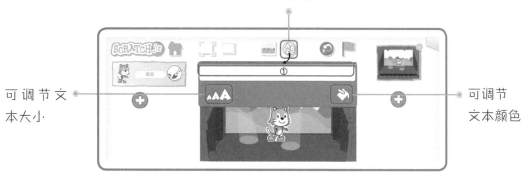

可调节文
本大小

可调节
文本颜色

1.2.6　颜色效果

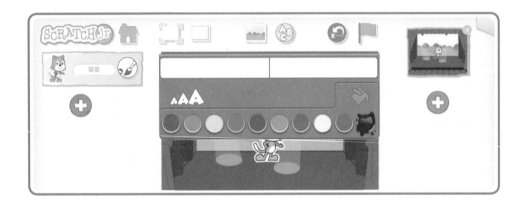

1.2.7　文本大小

1.2.8　角色素材

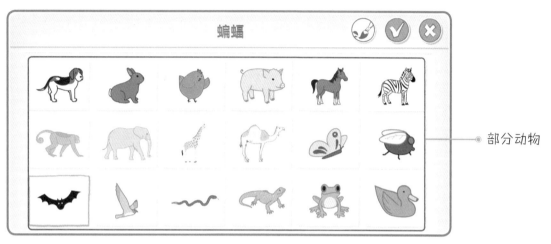

部分动物

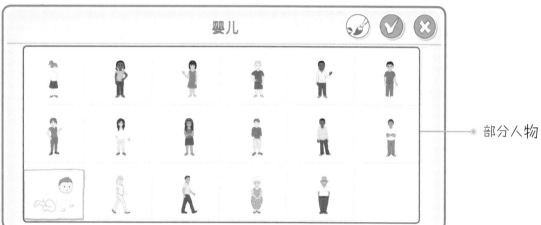

部分人物

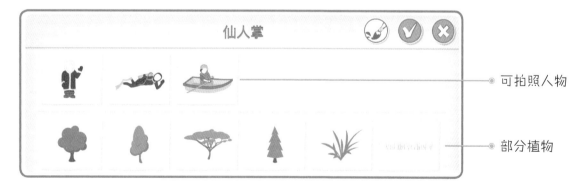

可拍照人物

部分植物

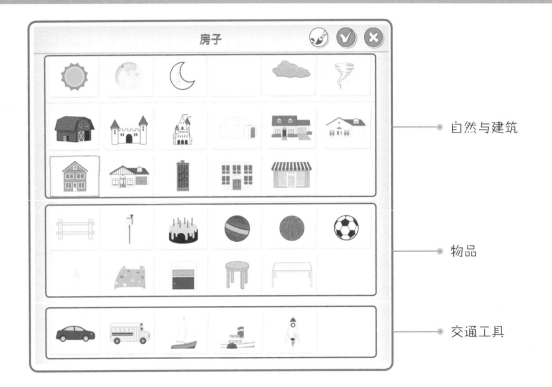

自然与建筑

物品

交通工具

1.2.9 角色编辑

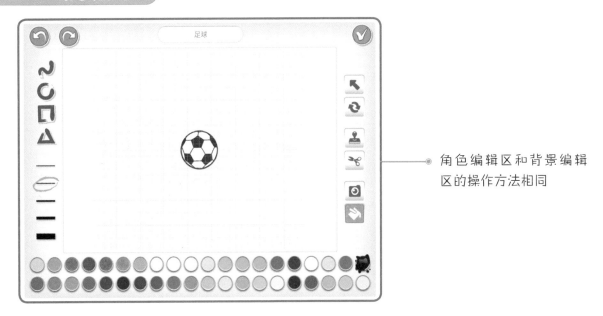

角色编辑区和背景编辑区的操作方法相同

1.2.10　作品分享

单击这里分享

舞台序号

每个舞台都对应自己的角色

每个角色都对应自己的剧本

项目名称

Scratch Jr

1．微信分享

2．邮件分享

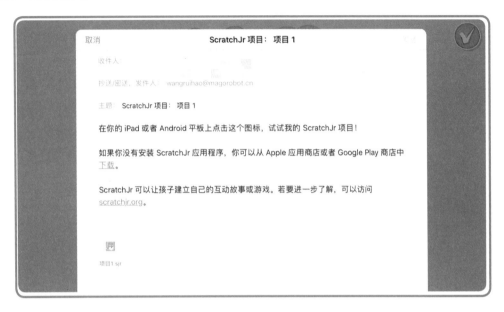

1.2.11 设置帮助

Scratch Jr

选择语言，默认
为简体中文

上面的数字都可以单击

说明文字

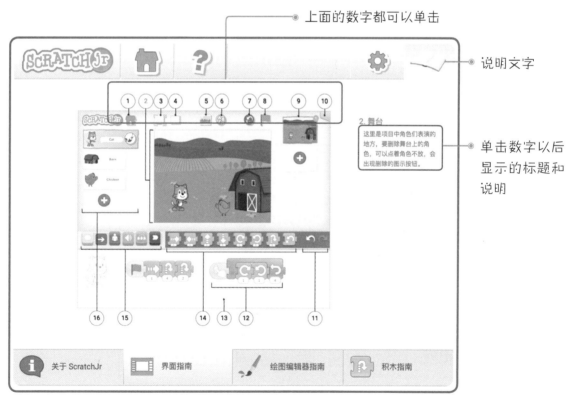

2. 舞台
这里是项目中角色们表演的
地方，要删除舞台上的角
色，可以点着角色不放，会
出现删除的图示按钮。

单击数字以后
显示的标题和
说明

1．程序模块的使用方法

2．ScratchJr 的由来和创作原因

关于 ScratchJr

ScratchJr 是什么？

ScratchJr 是一个入门级的编程语言，它可以让幼儿（5-7岁）创建互动的故事和游戏，孩子利用图形化的程序积木让角色移动、跳跃、舞蹈、唱歌。孩子也可以利用绘图编辑器绘制自己的角色、用麦克风录制自己声音、用照相机加入自己拍摄的照片。最后用拼积木的方法组合成程序，让他们心中的角色动起来。

ScratchJr 这个软件的创作灵感来自于 Scratch。在全球有数以百万计的年轻人（8岁以上）使用 Scratch，是个非常受欢迎的编程语言（http://scratch.mit.edu）。而 ScratchJr 则重新设计操作界面及编程语言，让它更适合幼儿，尤其专注将功能设计地更符合他们的认知、个人、社会、情感发展。

你可以在 iPad 或是 Android 平板上免费下载到 ScratchJr，若需进一步了解，请参考 http://scratchjr.org

为什么创造 ScratchJr?

编码（或电脑编程）是新时代的必备素养，就像写作能帮助你组织思路、表达观点，编程也是一样。在过去，编程很难普及，但我们认为每个人都该具备这样的能力，就像写作能力一样。

当幼儿使用 ScratchJr 时，他们不只是和电脑互动，更可以通过电脑学习如何创造和表达内心所想。从这个过程中，孩子们也学到了解决问题、创意设计、逻辑思考的能力，这都是帮助他们在未来成功的基础。同时，他们在有意义、有动力的情况下使用数学、语文，能力的发展会变得更快。ScratchJr 希望幼童们不仅仅是学习编程代码，也能从编码中学习到更多更多。

 关于 ScratchJr　　 界面指南　　 绘图编辑器指南　　 积木指南

 第 2 章　钢琴演奏家

　　钢琴是西洋古典音乐中的一种乐器，有"乐器之王"的美称。许多优美的歌曲都是由钢琴奏曲。本章我们使用 ScratchJr 制作一个钢琴程序。

钢琴演奏

添加背景

第 1 步：单击背景按钮 ，选择纯色背景；单击绘图编辑器 📝，开始绘图（后面章节添加背景的方法同理）。

教室

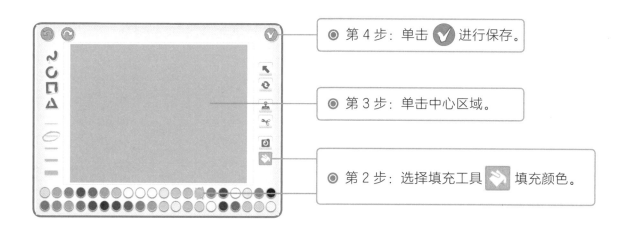

第 4 步：单击 ✔ 进行保存。

第 3 步：单击中心区域。

第 2 步：选择填充工具 填充颜色。

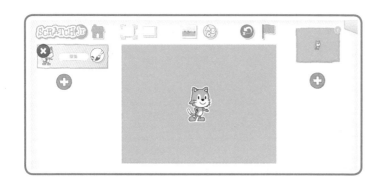

最后，长按角色，单击红色按钮 ，删除小猫角色。

添加角色

绘制钢琴角色。

◉ 第 1 步：单击添加角色按钮 添加角色；单击绘图编辑器 开始绘图（后面章节添加角色的方法同理）。

1.实例中的钢琴键由 7 个白色的长键和 5 个黑色的短键组成。

2.绘制的时候可以先绘制出白键和黑键，然后复制即可。

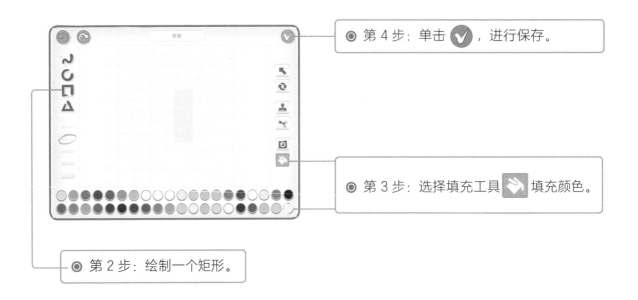

◎ 第 4 步：单击 ，进行保存。

◎ 第 3 步：选择填充工具 填充颜色。

◎ 第 2 步：绘制一个矩形。

 用相同的方法绘制黑键，注意颜色要填充黑色，其他的按键可以直接在角色库中添加。

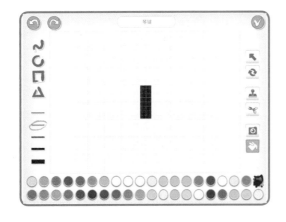

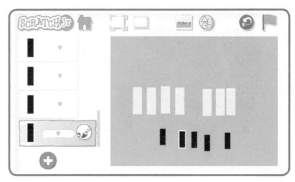

场景布局

在脚本区使用外观积木中的放大积木 与缩小积木 调节角色的大小。

>>>

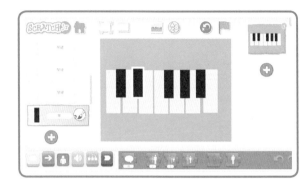

角色程序

1. 录制声音：录制钢琴的声音并添加录音

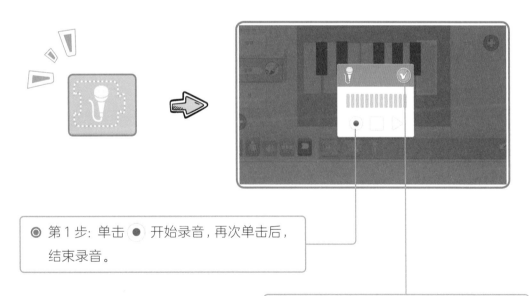

◉ 第 1 步：单击 ● 开始录音，再次单击后，结束录音。

◉ 第 2 步：单击 ✔ 进行保存。

2. 白键：单击白键，播放录音

程序展示	
程序流程 展示	单击角色开始 → 播放录音

程序完成后，第 1 章的任务就完成啦！

钢琴绘制完成了，现在就去弹起来吧！

拓展训练

1. 使用我们制作的钢琴弹奏一小段曲子。
2. 根据制作钢琴的方法，制作出自己喜欢的乐器。

扫描二维
码观看精
彩视频

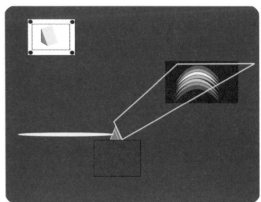

第 3 章　美丽的彩虹

　　彩虹是气象中的一种光学现象，当太阳光照射到半空中的水滴，光线被折射及反射，在天空中形成拱形的七彩光谱，由外圈至内圈呈红、橙、黄、绿、青、蓝、紫 7 种颜色。

3.1　绘制漂亮的彩虹

3.1.1　添加背景

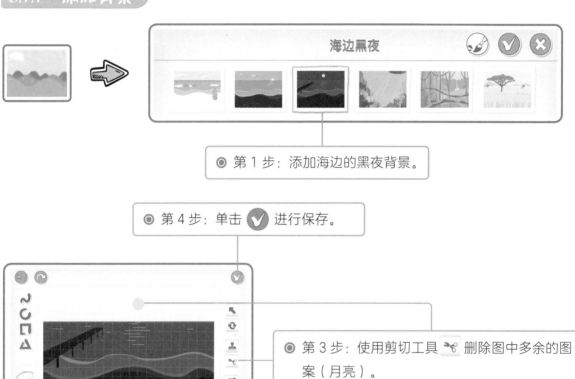

海边黑夜

◎ 第 1 步：添加海边的黑夜背景。

◎ 第 4 步：单击 ✅ 进行保存。

◎ 第 3 步：使用剪切工具 ✂ 删除图中多余的图案（月亮）。

◎ 第 2 步：选择填充工具 🖌 填充颜色。

改变海岸和大海的颜色时，可采取同样的方法！

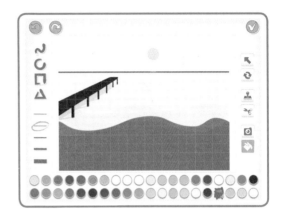

3.1.2　添加角色

1. 绘制太阳角色

◎ 第 1 步：绘制一个作为太阳的形状，绘制若干个三角形作为太阳的光芒。

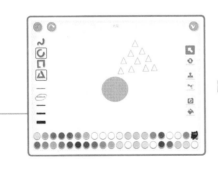 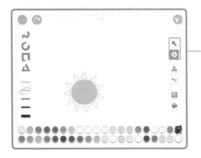

◎ 第 2 步：将其组合起来，使其看起来更像太阳！

1.太阳周围发出的"光芒"要用到复制工具。"光芒"要绕太阳一圈，我们也要尽量做到"光芒"之间的间隔是相等的。

2.组合图形时，要用到拖曳和旋转工具。

2. 绘制彩虹角色

◎ 第 1 步：绘制一个椭圆形，并复制 6 个，然后填充彩虹的颜色（红橙黄绿青蓝紫）。

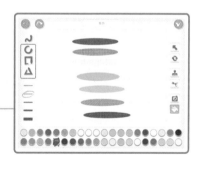 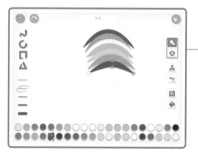

◎ 第 2 步：使用拖曳工具改变椭圆形的形状，并放在合适的位置，使其形状更像彩虹。

3.1.3　场景布局

在脚本区使用外观积木中的放大积木 与缩小积木 调节角色的大小。

>>>

3.1.4　角色程序

1. 小猫：向左走几步，说一句："哇，好漂亮啊"，并高兴得跳起来

程序展示	
程序流程展示	单击绿旗开始 → 往左走（4）→ 说："哇，好漂亮啊！" → 跳起来（2）

2. 彩虹：一闪一闪地闪现 6 次

程序展示	
程序流程展示	单击绿旗开始 → 隐藏 / 显示 → 循环（6）

3.2　彩虹出现的原理

3.2.1　添加背景

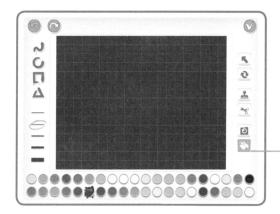

◎ 选择填充工具 绘制深色背景。

3.2.2　添加角色

💡 深色背景绘制完成后，我们要先删除小猫的角色，然后添加其他角色。

1. 绘制彩虹角色

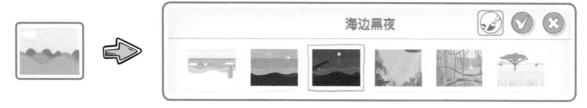

2. 绘制桌台角色

◎ 第 3 步：保存背景。

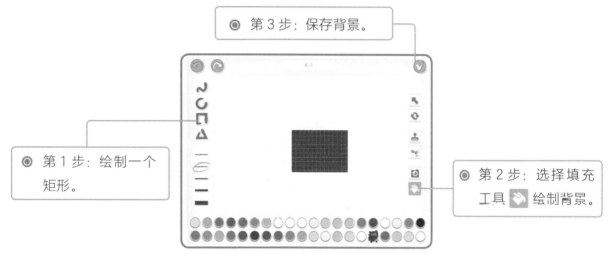

◎ 第 1 步：绘制一个矩形。

◎ 第 2 步：选择填充工具 🖌 绘制背景。

3. 绘制黑板角色

绘制黑板的方法和桌台的方法相同，小朋友们参照右图绘制一下吧！

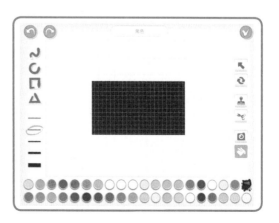

4. 绘制光线角色

◉ 第3步：保存背景。

◉ 第1步：绘制一个椭圆形。

◉ 第2步：选择填充工具 绘制背景。

5. 绘制三棱镜角色

◉ 第1步：绘制两个三角形，并填充颜色（边框颜色偏浅）。

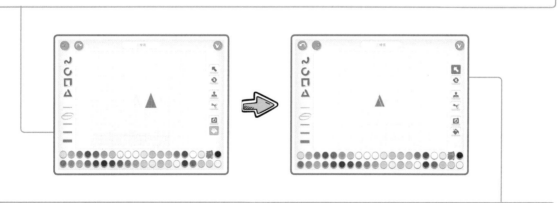

◉ 第2步：将其组合起来，使其看起来更像一个三棱镜！

6. 绘制折射光角色

◎ 第 1 步：绘制一个矩形（不需要填充颜色，边框颜色偏浅）。

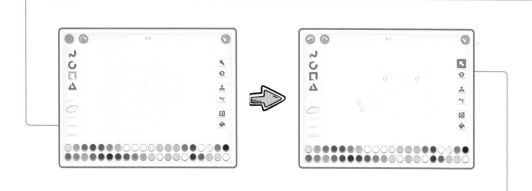

◎ 第 2 步：拖动并改变形状，使其看起来更像光线的样子。

7. 绘制开关角色

◎ 第 1 步：绘制开关的外观、螺丝，以及开关按钮。

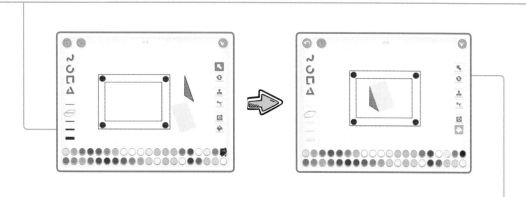

◎ 第 2 步：将其组合起来，使其看起来更像一个开关。

3.2.3 场景布局

在脚本区使用外观积木中的放大积木 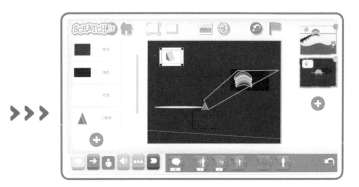 与缩小积木 调节角色的大小。

3.2.4 角色程序

1. 开关：单击开关发送消息

程序展示	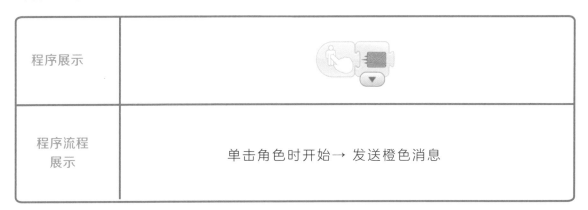
程序流程展示	单击角色时开始→ 发送橙色消息

2. 光线：最初光线是隐藏的，收到消息显示出来后再发送消息，然后再隐藏

程序展示		
程序流程展示	单击绿旗开始→ 发送橙色消息	接收橙色消息 → 显示 → 发送红色消息 → 隐藏

3. 折射光：最初折射光是隐藏的，收到消息显示等待时间，然后再隐藏

程序展示		
程序流程展示	单击绿旗开始→ 隐藏	接收红色消息 → 显示 → 等待（15） → 隐藏

4. 彩虹：最初彩虹是隐藏的，收到消息显示等待时间，然后再隐藏

程序展示	
程序流程展示	单击绿旗开始 → 隐藏 / 显示→ 循环（6） → 转到场景 2

拼接程序

将场景 1 和场景 2 连接在一起。

 脚本是在添加完场景 2 后添加的，不是一开始编写的。

拓展训练

发挥创意，使自己的场景和角色更加美观！

 扫描二维码观看精彩视频

 # 第4章 电梯安全知识

如今电梯已经随处可见，无论是住宅，还是商场、地铁站，电梯已经逐步融入我们的生活。随着电梯越来越普及，电梯安全知识也急需科普。下面就来学习一下关于不要在电梯上打闹的安全知识。

乘坐电梯 注意安全

添加背景

教室

◎ 第 3 步：保存背景。

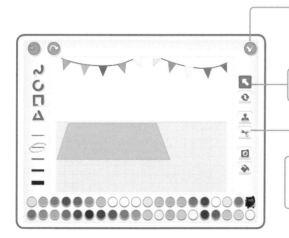

◎ 第 2 步：使用拖曳工具把地毯拖到墙边。

◎ 第 1 步：使用剪切工具把条幅和地毯之外的东西全部去掉。

添加角色

1. 绘制电梯角色

◉ 第 1 步：画一个长方形作为电梯的正面，一个三角形作为电梯的侧面。

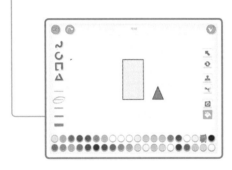 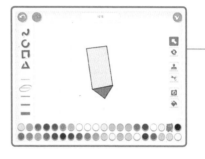

◉ 第 2 步：将其组合在一起，并调整角度。

◉ 第 3 步：拼接电梯，本章使用了 8 个台阶，注意大小关系。

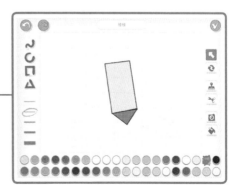

2. 添加谷仓角色

3. 绘制柱子

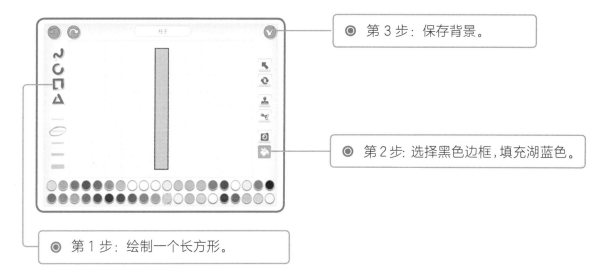

◎ 第 3 步：保存背景。

◎ 第 2 步：选择黑色边框，填充湖蓝色。

◎ 第 1 步：绘制一个长方形。

4. 添加 Tic 角色

场景布局

使用放大 和缩小 改变角色大小，使角色缩放到合适的大小。

角色程序

1. 小猫：小猫先跑，跑得慢，并在电梯里和 Tic 打闹，之后跌落到一楼

程序展示	
程序流程展示	单击绿旗开始 → 设定速度（慢速）→ 向左走（14）→ 向上走（4）→ 向右走（2）→ 向上走（1）→ 循环（3）→ 跳起来（2）→ 向左转（4）→ 设定速度（快速）→ 发送橙色消息

程序展示		
程序流程展示	收到橙色消息 →向左走（5）	收到橙色消息 →向下走（5）

2.Tic：Tic 后跑，跑得快，并在电梯里和小猫打闹，之后跌落到一楼

程序展示	
程序流程展示	单击绿旗开始 → 隐藏 → 等待（50） → 显示 → 往左走（16）→ 往上走（4） → 向右走（2）→ 向上走（1）→ 循环（3）→ 向左转（4） → 发送红色消息

程序展示		
程序流程展示	接收红色消息 →向下走（5）	接收红色消息 →向左走（5）

小猫和 Tic 摔得也太惨了吧！

是啊，所以小朋友们一定不要在乘电梯时打闹，否则很可能发生危险，甚至伤及性命！

拓展训练

发挥创意，使电梯的场景和角色更加美观。

扫描二维码观看精彩视频

 # 第5章　制作小·钟表

　　计时器在日常生活中应用得非常多，例如计时 5 分钟的跑步。钟表就是一种计时的装置，也是计量和指示时间的精密仪器。下面就做一个长得跟钟表很像的计时器。

制作转动的钟表

添加背景

◉ 第1步：画一个圆形作为表的外形。

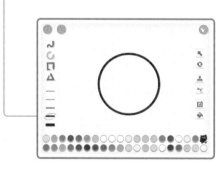 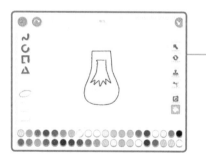

◉ 第2步：为表写上数字，代表时间。

ScratchJr

添加角色

绘制钟表指针

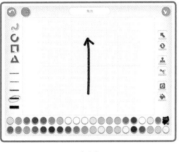

时针

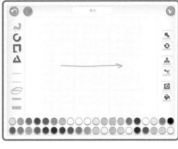

分针

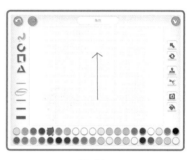

秒针

场景布局

使用放大 和缩小 将角色缩放到合适的大小。

>>>

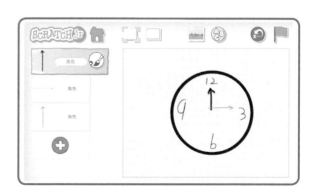

角色程序

红色指针转动一周，绿色指针转动一下，绿色指针转动一周，黑色指针转动一下。

1. 红色的指针程序

程序展示	
程序流程展示	单击绿旗开始 → 循环（12） → 等待（10） → 向右转（1） → 发送橙色消息 → 无限循环

2. 绿色的指针程序

程序展示		
程序流程展示	单击绿旗开始→ 等待（60）→ 等待（60） → 循环（12） → 发送红色消息 → 无限循环	收到橙色消息开始 → 向右转（1）

3. 黑色的指针程序

程序展示	
程序流程 展示	收到橙色消息开始 → 向右转（1）

分针转动一圈，一个小时就过去了；时针转动一圈，半天就过去了，时间过得真快呀！

是的，光阴似箭，大家一定要珍惜时间，不要虚度光阴哦！

拓展训练

1. 发挥创意，使计时器更加美观。
2. 为作品添加更加漂亮的背景。

扫描二维码观看精彩视频

 # 第 6 章　荒漠变绿了

荒漠化是由于干旱少雨、植被破坏等原因造成的大片土地变成荒漠。在荒漠植树造林可以减缓荒漠的扩大，本章我们来看看小树苗是如何变成大树的吧！

6.1 种下树苗

6.1.1 添加背景

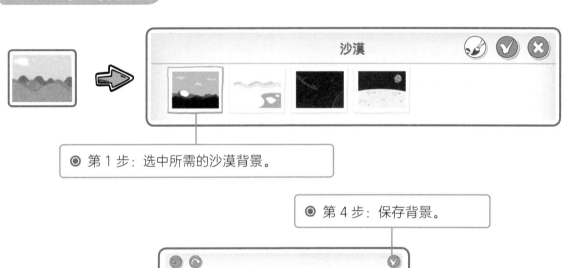

● 第 1 步：选中所需的沙漠背景。

● 第 4 步：保存背景。

● 第 3 步：单击太阳，改变颜色。

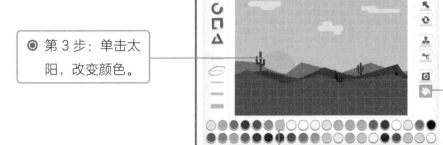

● 第 2 步：选择填充工具 填充橘色。

6.1.2　添加角色

1. 添加植物角色

 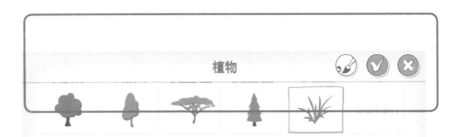

2. 绘制水壶角色

下面就让我们一起来绘制水壶吧!

◎ 第 1 步：选择黑色，用圆形、三角形、矩形工具，绘制基本图形。

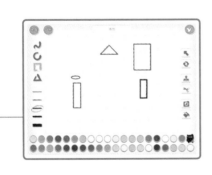 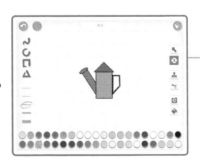

◎ 第 2 步：使用旋转和拖曳工具调整绘制的图形，将其拼成水壶的形状，并添加合适的颜色。

3. 绘制水流角色

◎ 第 1 步：选择流星，单击 ，改变角色。

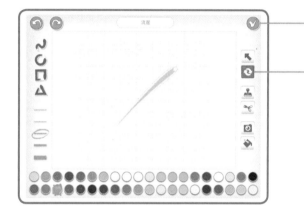

◎ 第 3 步：单击 ✔ 进行保存。

◎ 第 2 步：使用旋转工具 🔄 改变角色方向。

ScracthJr 自带的流星角色就可以作为水流哦！

码小高，就你会投机取巧！

嘿嘿，我这是活学活用！

小朋友们也可以尝试改变角色的颜色，或者自己绘制一些角色哦！

6.1.3　场景布局

使用放大 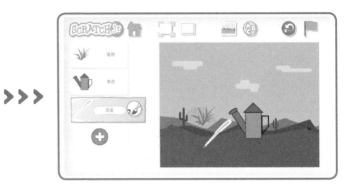 和缩小 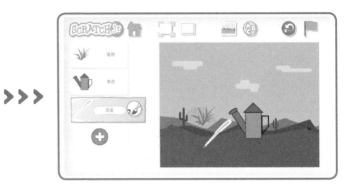 将角色缩放到合适的大小。

6.1.4　角色程序

1. 植物：植物被种到了沙漠中

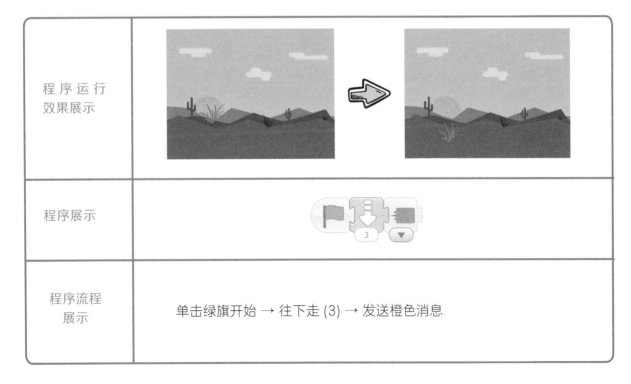

程序运行效果展示	
程序展示	
程序流程展示	单击绿旗开始 → 往下走 (3) → 发送橙色消息

2. 水壶：当植物种下去之后，用水壶浇水

程序运行 效果展示		
程序展示		
程序流程 展示	单击绿旗开始 → 隐藏	收到 (小草发送的) 橙色消息开始 → 显示 → 向左转 (1) → 发送红色消息

3. 水流：一闪一闪地模仿浇水

程序展示		
程序流程 展示	单击绿旗开始 → 隐藏	收到红色消息开始 → 显示 / 隐藏→ 循环 (3)

6.2　灌溉树木

6.2.1　添加背景

沙漠

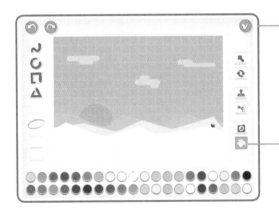

◎ 第 2 步：保存背景。

◎ 第 1 步：改变沙漠背景中的颜色。

6.2.2　添加角色

深色背景绘制完成后，我们要先删除小猫的角色，然后添加其他角色！

Scratch Jr

我们已经添加完了植被，接下来绘制喷水器。

当然了！首先要添加角色 ，然后单击绘图编辑器 🖌️，就可以进行绘制了。

◉ 第 1 步：绘制一个椭圆形和矩形，并填充合适的颜色。

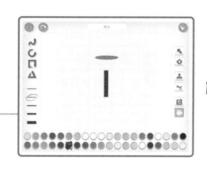

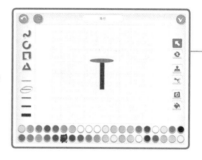

◉ 第 2 步：将其组合起来，使其看起来更像一个喷水器！

◉ 第 3 步：接下来就是水流了，我们只要将前面用到的水流，改变方向，使其看起来更像是从四面八方喷洒出来的一样。

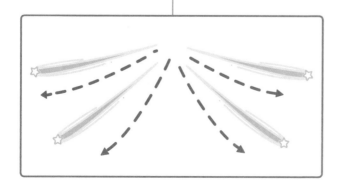

小贴士

改变水流角度时要用到旋转工具 🔄。

不错呀，码小高！全都答对了！

6.2.3　场景布局

在脚本区使用外观积木中的放大积木 与缩小积木 调节角色的大小。

>>>

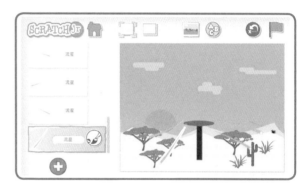

6.2.4　角色程序

水流：一闪一闪地模仿浇水

程序展示	
程序流程展示	单击绿旗开始→ 隐藏 / 显示→ 循环 (4)

6.3 沙漠绿洲

6.3.1 添加背景

6.3.2 添加角色

6.3.3 场景布局

使用放大和缩小改变角色大小，使其缩放到合适大小。

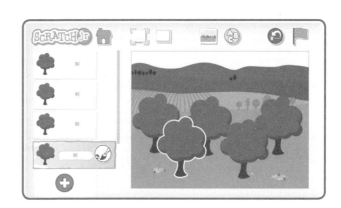

拼接程序

场景 1 转场景 2：水流的程序结束后切换场景。

场景 2 转场景 3：水流的程序结束后切换场景。

拓展训练

　　想一想，除了我们添加的植被外，还有哪些植被适合在沙漠中种植，自己绘制一下吧！

扫描二维码观看精彩视频

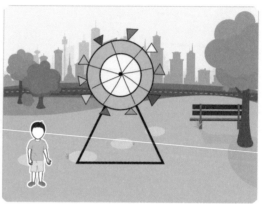

第 7 章　美好的日记

在生活中，会有一些记忆深刻的事情。我们会把事情写成日记，保存在记事本中。现在我们可以使用ScratchJr来记日记，本章是一个小朋友的生日记录。

7.1　过生日

7.1.1　添加背景

7.1.2　添加角色

1. 添加小朋友、妈妈、爸爸角色

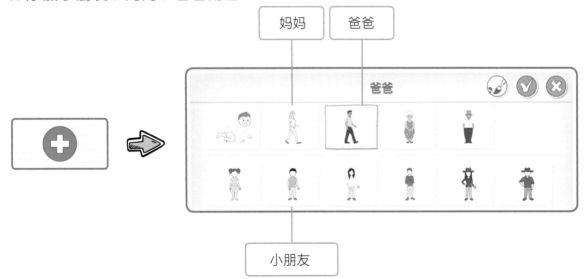

2. 添加桌子、蛋糕角色

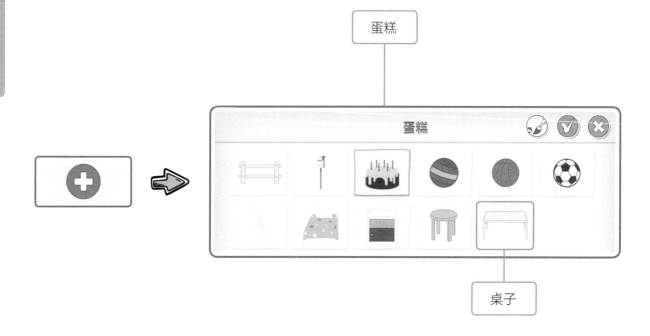

蛋糕

桌子

7.1.3 场景布局

使用放大 和缩小 将角
色缩放到合适的大小。

7.1.4　角色程序

1. 蛋糕：使蛋糕移动到小朋友面前

程序展示	
程序流程 展示	单击绿旗开始 → 往右走 (8) → 发送橙色消息

2. 妈妈：妈妈把蛋糕放到桌子上

程序展示	
程序流程 展示	单击绿旗开始 → 往右走 (4)

3. 爸爸：爸爸最初不在房间，收到黄色消息后爸爸就进来了

程序展示		
程序流程展示	单击绿旗开始 → 隐藏	收到黄色消息 → 显示 → 往左走 (4)

码小高，你有写日记的习惯吗？

当然有，我会把每天发生的事情都记下来。

这是个很好的习惯，要坚持下去。

嘿嘿嘿……

7.2　摩天轮

7.2.1　添加背景

7.2.2　添加角色

1. 添加小朋友角色

小朋友

2. 绘制支架角色

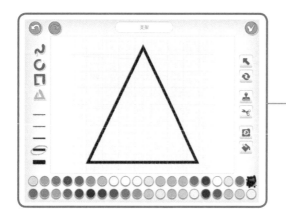

绘制一个粗线条的三角形作为支架的造型。

3. 绘制摩天轮角色

◉ 第 1 步：绘制两个圆形作为摩天轮的框架，若干个小三角作为座位。

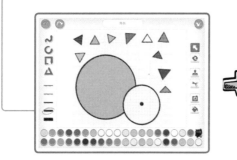 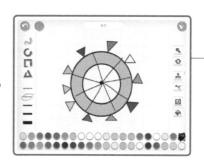

◉ 第 2 步：将其组合成摩天轮的形状，并画若干条黑线。

7.2.3　场景布局

使用放大 和缩小 将角色缩放到合适的大小。

>>>

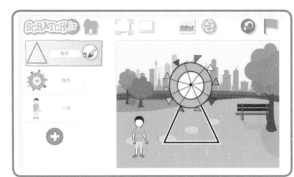

7.2.4　角色程序

1. 摩天轮：摩天轮可以一直转动

程序展示	
程序流程 展示	单击绿旗开始 → 向右转（1） → 无限循环

2. 小朋友：小朋友很开心，高兴地跳了起来

程序展示	
程序流程 展示	单击绿旗开始 → 跳起来 (2) → 循环 (3)

1. 使用相机，把 ScratchJr 中的小朋友加入自己的照片。
2. 在 ScratchJr 中记录日记。

扫描二维码观看精彩视频

第8章　安全通行

　　在日常生活中，交通事故大多数都是由于不遵守交通规则引起的，本章我们就来学习一下怎样遵守交通规则吧！

交通规则

添加背景

选一个空白背景，进行绘制。

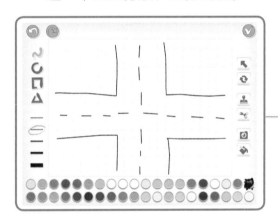

选择黑线绘制十字路口。

添加角色

1. 添加骑手、司机、大树、花儿、小朋友、红绿灯角色

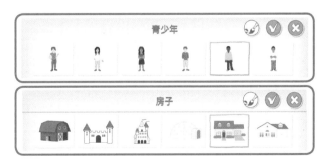

2. 绘制红绿灯角色

◎ 第 1 步：单击添加角色 ➕ ，再单击绘图编辑器 🖌️ ，开始绘图。

◎ 第 2 步：绘制一个红色的圆形作为红灯。

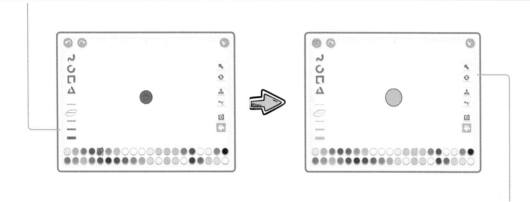

◎ 第 3 步：绘制一个绿色的圆形作为绿灯。

场景布局

使用放大 和缩小 将角色缩放到合适的大小。 >>>

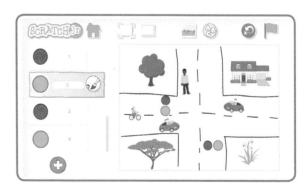

角色程序

1. 司机和骑手的程序作用：绿灯的时候开车，等待 99 之后，绿灯变成红灯，停止

程序展示		
程序流程展示	单击绿旗开始 → 设定速度（快速）→ 往右走（20）→ 无限循环	单击绿旗开始 → 等待（99）→ 角色停止 → 返回初始位置

2. 红绿灯的程序作用：控制红绿灯的亮起

程序展示	
程序流程展示	单击绿旗开始 → 显示 / 隐藏 → 等待（99）→ 显示 / 隐藏

注意：当红灯隐藏时，绿灯显示；当绿灯隐藏时，红灯显示。两者不可同时显示或者同时隐藏。

3. 小朋友 : 单击小朋友 , 小朋友向下走一步 , 模拟过马路，如果被车碰到会被撞倒

程序展示	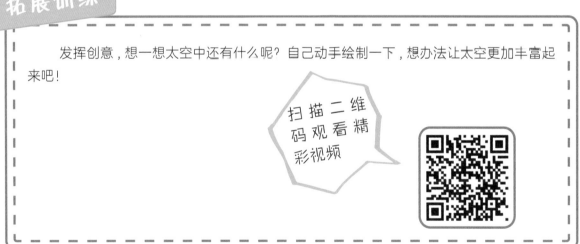	
程序流程展示	单击角色开始 → 往下走 (1)	碰到角色开始 → 跳起来(2) → 向右转 (3)

拓展训练

发挥创意,想一想太空中还有什么呢? 自己动手绘制一下,想办法让太空更加丰富起来吧!

扫描二维码观看精彩视频

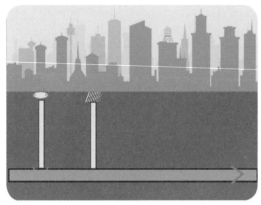

第9章 水从哪里来

　　水是生命之源，也是非常宝贵的资源。地球有自己的水循环，能够孕育生命，下面我们就来了解一下地球上的水循环。

9.1　海水蒸发

9.1.1　添加背景

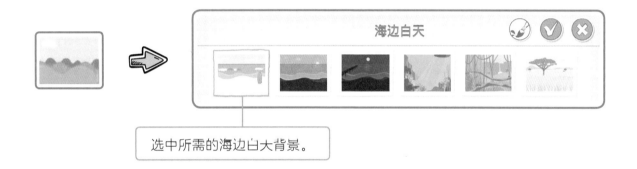

海边白天

选中所需的海边白大背景。

9.1.2　添加角色

1. 绘制水滴角色

◉ 第 1 步：绘制一个椭圆形。

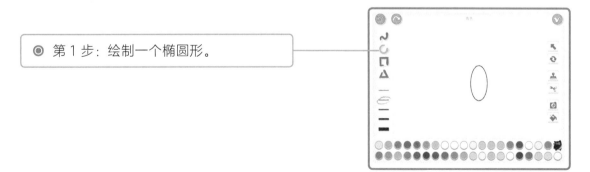

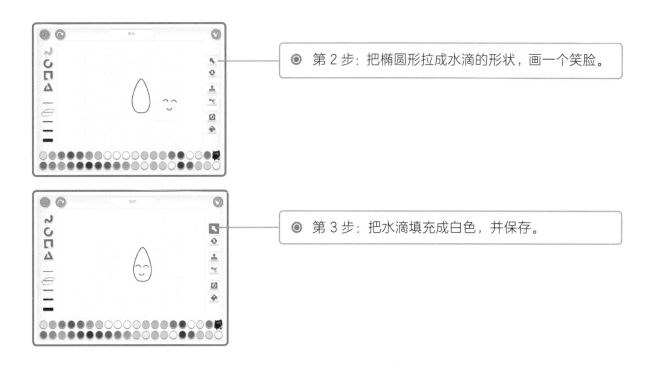

第2步：把椭圆形拉成水滴的形状，画一个笑脸。

第3步：把水滴填充成白色，并保存。

2. 绘制飞翔的雨滴角色

第1步：绘制一个水滴、一对翅膀和微笑的表情。

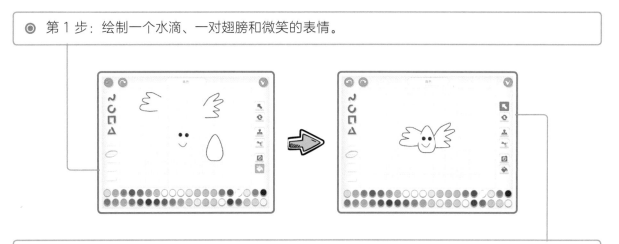

第2步：将其组合成一个飞行的水滴。

3. 添加太阳角色

9.1.3　场景布局

使用放大 和缩小 将角色缩放到合适的大小。

>>>

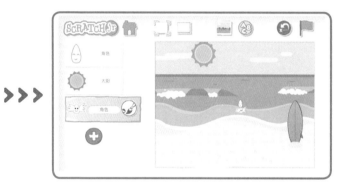

9.1.4　角色程序

1. 白云：天上本来飘的是白云，下雨后白云会隐藏起来

程序展示	
程序流程 展示	单击绿旗开始 → 显示 → 等待（10） → 隐藏

2. 会飞的水滴：小水滴在天空中飞舞

程序展示	
程序流程展示	单击绿旗开始 → 隐藏 → 等待 (10) → 显示 → 往上走 (6) → 隐藏

3. 太阳：一闪一闪地照耀大地

程序展示	
程序流程展示	单击绿旗开始 → 隐藏 / 显示→ 循环（4）

海水为什么会蒸发呢？

海水吸收太阳的能量就会蒸发，变成水蒸气。

9.2 降雨

9.2.1 添加背景

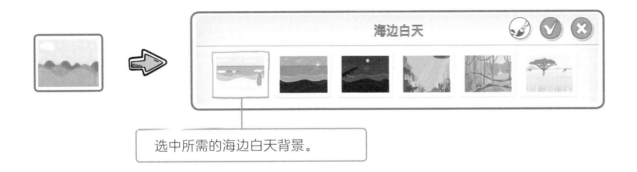

选中所需的海边白天背景。

9.2.2 添加角色

1. 绘制水滴角色

ScratchJr

◎ 第 1 步：根据前面的方法绘制水滴的形状和生气的表情。

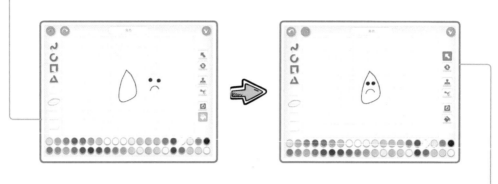

◎ 第 2 步：组合图形，将水滴适当变形，使之更加生动。

2. 添加太阳角色

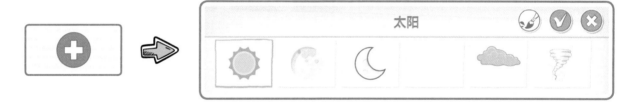

9.2.3 场景布局

使用放大 和缩小 将角色缩放到合适的大小。

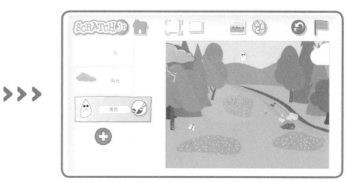

9.2.4　角色程序

1. 白云：天上本来飘的是白云，下雨后白云会隐藏起来

程序展示	
程序流程 展示	单击绿旗开始 → 往左走（10） → 隐藏 → 发送橙色消息

2. 乌云：乌云本来是隐藏的，当下雨的时候，乌云就显示出来

程序展示		
程序流程 展示	单击绿旗开始 → 隐藏	收到橙色消息 → 显示 → 往右走 (10) → 隐藏 / 显示 → 循环 (4) → 发送红色消息

3. 雨滴：雨滴晴天时隐藏，乌云下雨的时候出现，并且翻滚着下落，最后融入河流

程序展示		
程序流程展示	单击绿旗开始 → 隐藏	收到红色消息 → 显示→ 向左转 (2) → 循环 (10)

程序展示	
程序流程展示	收到红色消息 → 往下走 (1) → 循环 (10) → 往右走 (7) → 往上走 (2)

请问 JACK 老师，为什么会降雨呢？

这有两个原因：海洋上空的水汽可被输送到陆地上空凝结成降水，称为外来水汽降水；大陆上空的水汽直接凝结成降水，称为内部水汽降水。

拼接程序

把场景 1 和场景 2 连接在一起。

拓展训练

发挥创意，把水滴和场景绘制得更美。

扫描二维码观看精彩视频

第 10 章　季节的变化

地球一年有四个季节：春夏秋冬。

春：万物复苏的季节，一年之季在于春，欣欣向荣。

夏：天气炎热，最受欢迎的运动就是游泳了。

秋：收获的季节，很多动物会为冬天保存食物。

冬：天气寒冷，如果下雪了，大家会堆雪人。

10.1　生机盎然的春天

10.1.1　添加背景

第 1 步：选中所需的春季背景。

第 3 步：保存背景。

第 2 步：去掉背景里的一些图案。

10.1.2 添加角色

1. 改变小猫角色：为小猫画上风筝

◎ 第 1 步：单击小猫旁边的绘图编辑器，改变小猫角色。

◎ 第 2 步：画两个三角形作为风筝的主形状，画两个长方形作为风筝的飘带，能够起到装饰作用，画一条黑线作为风筝的线。

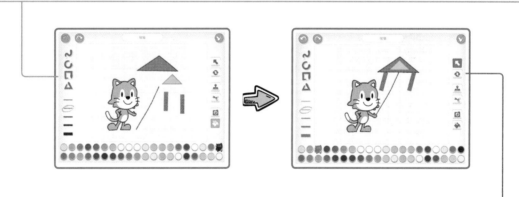

◎ 第 2 步：将其组合在一起后，我们就可以一起去放风筝了。

2. 添加小鸟角色

3. 绘制春风角色

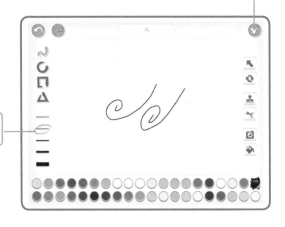

◎ 第 2 步：保存角色。

◎ 第 1 步：选择黑线，绘制风的造型。

10.1.3　场景布局

使用放大 和缩小 将角色缩放到合适的大小。

>>>

10.1.4　角色程序

1. 小猫：小猫在放风筝

程序展示	

录音	我的风筝飞得好高啊！
程序流程展示	单击绿旗开始 → 播放录音 (1) → 向右跑 , 向左跑 (都是 5 步) → 循环 (4 次)

2. 风 : 阵阵春风

程序展示	
程序流程展示	单击绿旗开始 → 隐藏 / 显示→ 一直循环 (99 次)

3. 小鸟 : 小鸟在天空中飞翔

程序展示	
程序流程展示	单击绿旗开始 → 往右走 (1) → 一直循环 (99 次)

10.2　烈日炎炎的夏天

10.2.1　添加背景

海边白天

◎ 删除小猫角色。

10.2.2　添加角色

1. 添加潜水员角色

潜水员

◉ 第 1 步：单击照相机 📷，再单击脸部，开始拍照。

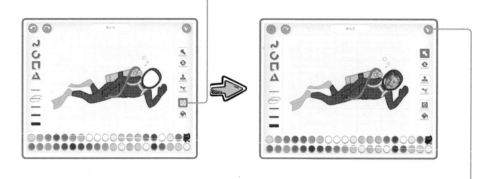

◉ 第 2 步：拍照之后，保存角色即可。

2. 添加太阳角色

10.2.3 场景布局

在脚本区使用外观积木中的放大积木 🔲 与缩小积木 🔲 调节角色的大小。

10.2.4　角色程序

游泳：人在水中游来游去

程序展示	
程序展示	夏天好热，让我们去游泳，凉快一下！
程序流程 展示	单击绿旗开始 → 播放声音（1）→ 左右来回游动（4）→ 循环（4次）

夏天太热了！

是很热，不如我们去游泳，凉快一下！

好呀好呀，我们现在就去吧！

走，出发！

10.3 金风玉露的秋天

10.3.1 添加背景

◎ 第 1 步：选中秋季背景。

◎ 第 3 步：保存背景。

◎ 第 2 步：删除原背景中的一棵大树，达到现在的效果。

10.3.2 添加角色

1. 添加北极熊和小鸟角色

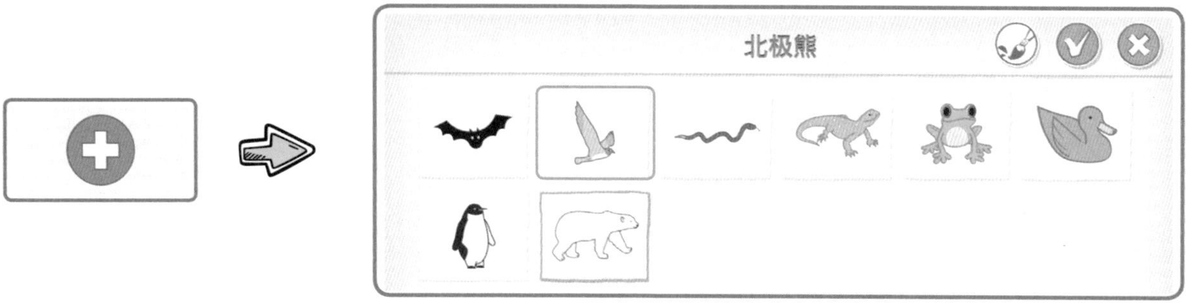
北极熊

2. 添加郁金香角色

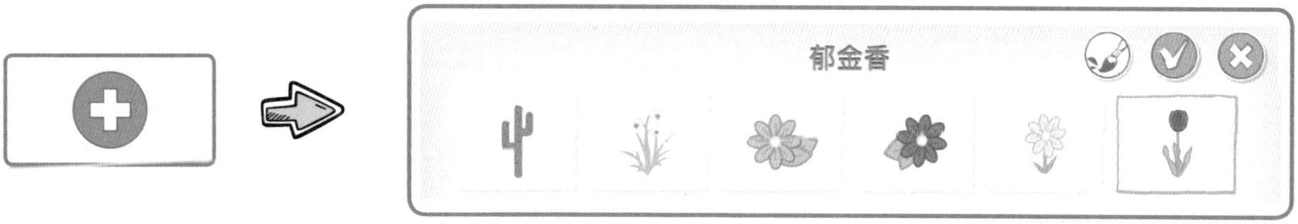
郁金香

3. 绘制北极熊角色

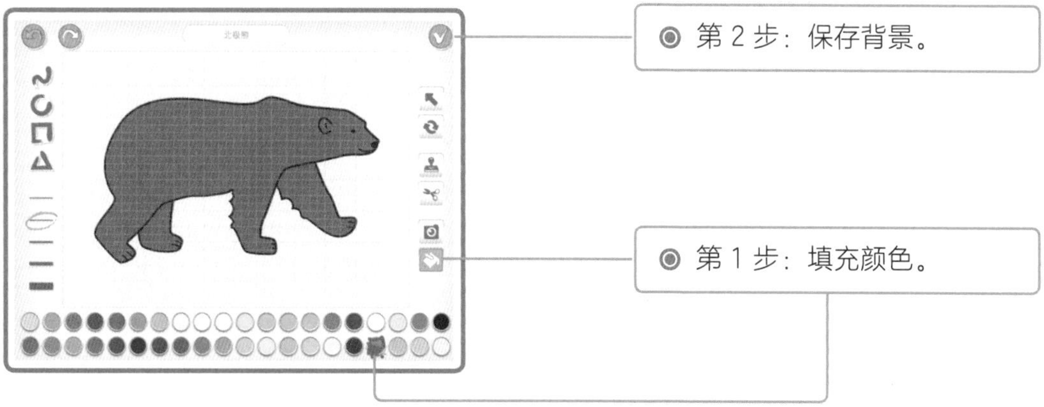
第 2 步：保存背景。
第 1 步：填充颜色。

10.3.3 场景布局

调整画面的布局，使添加的角色调整到合适的大小和位置。

10.3.4 角色程序

1. 小猫：小猫夸赞秋天漂亮

程序展示	
录音	秋天也好漂亮呀！
程序流程展示	碰到角色开始 → 播放声音（1）

2. 鸟 : 鸟儿在天空中飞翔

程序展示	
程序流程 展示	单击绿旗开始 → 往右走 (5) → 循环 (4)

3. 北极熊 : 北极熊在说话并且寻找食物为过冬做准备

程序展示	
录音	我要找点儿食物冬眠了！
程序流程 展示	单击绿旗开始 → 播放声音 (1) → 往左走 (2), 往右走 (2) → 循环 (4)

10.4　银装素裹的冬天

10.4.1　添加背景

选中海边冬季场景。

10.4.2　添加角色

1. 绘制雪人角色

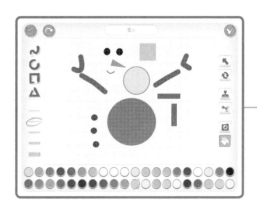

◎ 第 1 步：绘制出雪人的头部、五官、身体和一些装饰品。

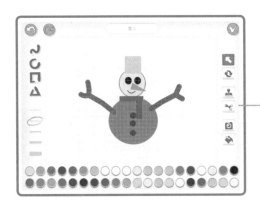

◉ 第 2 步：组合成雪人的形状。

2. 绘制雪角色

◉ 第 1 步：绘制一片雪，并添加颜色。

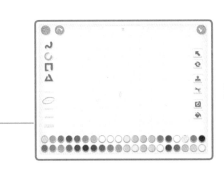 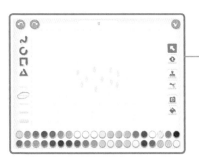

◉ 第 2 步：使用复制工具 复制出更多的雪，可适当调整雪花的大小。

10.4.3 场景布局

使用放大 和缩小 将角色缩放到合适的大小。 >>>

10.4.4 角色程序

1. 小猫：下雪了，小猫高兴得有说有笑，并且开始堆雪人

程序展示	
录音	下雪啦，能堆雪人啦！
程序流程展示	单击绿旗开始 → 播放声音 (1)

2. 雪：雪地亮闪闪

程序展示	
程序流程 展示	单击绿旗开始→ 隐藏 / 显示 → 循环 (10)

拼接程序

拼接场景 1 和场景 2: 小猫程序结束后，切换到场景 2。

拼接场景 2 和场景 3: 游泳的人程序结束后，切换到场景 3。

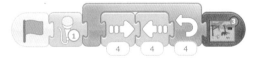

拼接场景 3 和场景 4: 北极熊的程序结束后，切换到场景 4。

ScratchJr

拓展训练

发挥创意，使一年四季更加美丽。

扫描二维
码观看精
彩视频

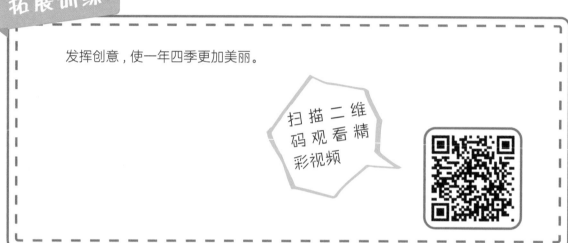

 # 第 11 章　勤劳的蜜蜂

　　大家都见过蜜蜂吗？蜜蜂是怎样工作的？树木为什么会结果实，这和蜜蜂有什么关系呢？本章我们就来学习一下吧！

11.1　蜜蜂采蜜

11.1.1　添加背景

选中所需的春季背景。

11.1.2　添加角色

1. 添加植物角色

2. 绘制蜜蜂角色

◎ 第 1 步：单击添加角色 **[➕]**，并单击绘图编辑器 🖌️，开始绘图。

◎ 第 2 步：绘制蜜蜂的身体、五官、翅膀及装饰部分，并填充颜色。

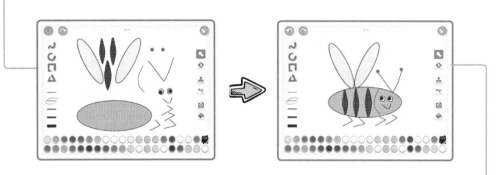

◎ 第 3 步：将绘制的部分组成一只蜜蜂的形状。

11.1.3　场景布局

使用放大 和缩小 将角色缩放到合适的大小。

>>>

11.1.4 角色程序

1. 小猫：小猫在散步，遇到蜜蜂想要传播花粉的时候，把蜜蜂赶走

程序展示		
录音	好美呀！	快走开，不许破坏美丽的小花！
程序流程展示	单击绿旗开始 → 往右走 (2) → 跳起来 (2) → 播放录音 (1) → 发送橙色消息	收到红色消息开始 →播放录音 (2) → 往下走 (4) → 往右走 (3) → 发送黄色消息

2. 蜜蜂：蜜蜂采蜜，传播花粉，但是最后被小猫赶走了

程序展示		
程序流程展示	单击绿旗开始 → 隐藏	收到橙色消息开始 → 显示 → 往右走 (5) → 等待 (10) → 往下走 (4) → 等待 (1) → 往左走 (4) → 发送红色消息

程序展示	
程序流程 展示	收到橙色消息开始 → 等待 (5) → 往下走 (3)

程序展示	
程序流程 展示	收到黄色消息开始 → 向右走 (8) → 隐藏

码小高，你知道蜜蜂为什么要传播花粉吗？

不知道，请问 JACK 老师，这是为什么啊？

学完下一个任务，你就知道啦！我们赶快去学习吧！

11.2　夏季到来

11.2.1　添加背景

选中所需的夏季背景。

11.2.2　添加角色

蝴蝶的角色我们已经添加完了，接下来绘制郁金香 (变白的) 吧！

◉ 第 1 步：选中郁金香角色，进入绘图编辑器 🖌 。

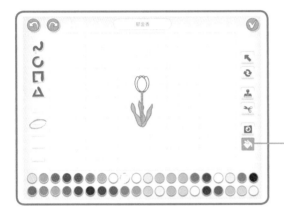

◉ 第 2 步：改变郁金香花朵的颜色。

郁金香 (变白的) 画完了，下面来画种子吧！

◉ 第 3 步：使用圆形绘制花种 1，并填充颜色。

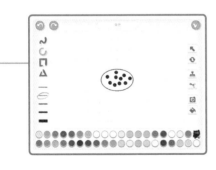 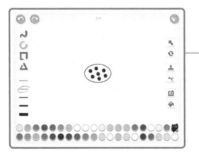

◉ 第 4 步：绘制另一颗种子，方法与花种 1 的绘制方法相同。

11.2.3 场景布局

使用放大 和缩小 将角色缩放到合适的大小。

>>>

11.2.4 角色程序

1. 小猫：小猫夏天来的时候没有发现种子

程序展示	
录音	对不起，我不该赶走蜜蜂。
程序流程展示	单击绿旗开始 → 播放录音 (1)

2. 蝴蝶：蝴蝶在飞来飞去

程序展示	
程序流程 展示	单击绿旗开始 → 往右走 (20) → 无限循环

JACK 老师，郁金香为什么没有长出种子呢？

这就和蜜蜂传播花粉有关了，只有蜜蜂授过粉的花朵，才能长出种子或者果实！

原来是小猫赶走了蜜蜂，郁金香没有完成授粉，才没有长出种子呀！

是的，所以小朋友以后看到蜂蜜采花粉，千万不要赶跑它哦！

拼接场景 1 和场景 2：蜜蜂被小猫赶跑之后，切换到场景 2。

拓展训练

发挥创意，把春天装扮得更加美丽！

扫描二维码观看精彩视频

第 12 章　雨水去哪儿了

当城市遭遇大雨的时候，城市没有变成汪洋大海，这是为什么？

本章我们来看一看城市是如何进行排水的吧！

12.1 狂风暴雨

12.1.1 添加背景

单击 ✏️，修改背景。

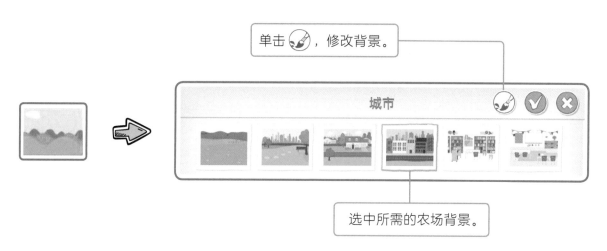

城市

选中所需的农场背景。

12.1.2 添加角色

1. 添加乌云角色

乌云

2. 绘制井盖角色

◎ 第1步: 绘制不同颜色的两个椭圆形作为井盖部分, 两个小圆形作为螺丝。

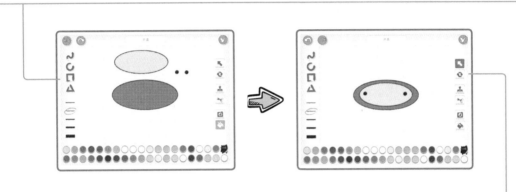

◎ 第2步: 将其拼成棒棒糖的形状, 不同的圆形组合在一起, 会更加漂亮!

3. 绘制下水道角色

◎ 第1步: 绘制一个正方形和几个矩形, 使用拖曳和旋转工具改变其形状, 然后填充颜色。

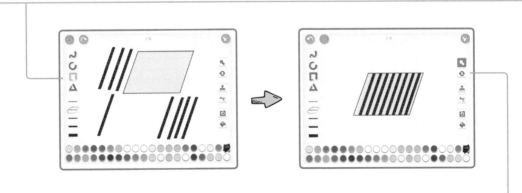

◎ 第2步: 把图形组合成下水道, 黑色部分作为盖子的铁棍部分!

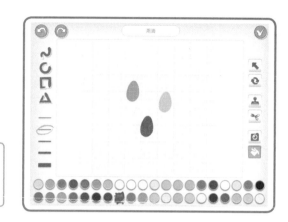

◉ 第 3 步：绘制几个圆形，使用拖曳工具填充深浅不一的蓝色，保存角色。

12.1.3　场景布局

使用放大 和缩小 将角色缩放到合适的大小。　　>>>

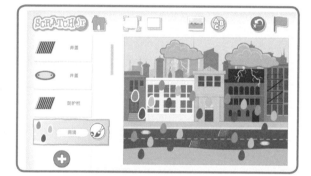

12.1.4　角色程序

1. 乌云：天空在下雨

程序展示	
程序流程展示	单击绿旗开始 → 隐藏 / 显示 (两个乌云的隐藏和显示分开) → 循环 (6)

2. 暴雨：天空一闪一闪地模拟降雨

程序展示	
程序流程 展示	单击绿旗开始 → 隐藏 / 显示 (6 个暴雨的隐藏和显示分开) → 循环 (6)

这场雨好大，可雨水都流到哪儿了？

学习了下一个任务，你就知道了！

是吗？那我们赶快去学习吧！

12.2 城市排水

12.2.1 添加背景

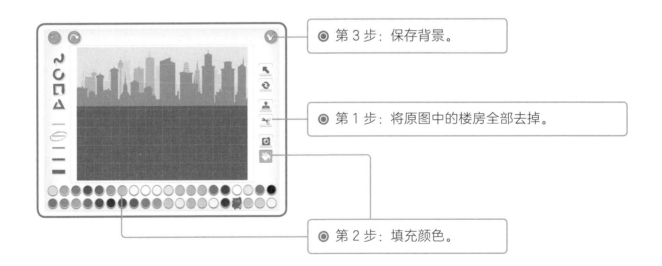

◎ 第 3 步：保存背景。

◎ 第 1 步：将原图中的楼房全部去掉。

◎ 第 2 步：填充颜色。

12.2.2　添加角色

1. 添加井盖角色

2. 绘制管道角色

◎ 第 1 步：使用矩形工具绘制横向长管道。

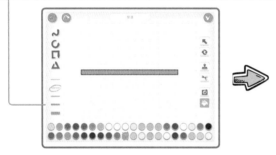 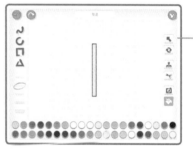

◎ 第 2 步：使用矩形工具绘制纵向短管道。

3. 绘制水流角色

◎ 第 1 步：使用粗线条绘制一个箭头作为横向水流方向。

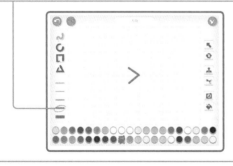 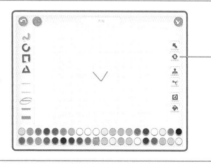

◎ 第 2 步：使用中等粗细的线条绘制纵向的箭头作为纵向水流方向。

12.2.3 场景布局

使用放大 和缩小 将角色缩放到合适的大小。

>>>

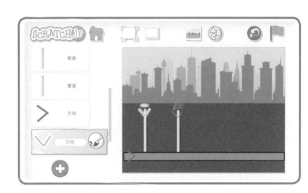

12.2.4 角色程序

1. 横向水流方向：形象生动地表示水流的流向

程序运行效果展示	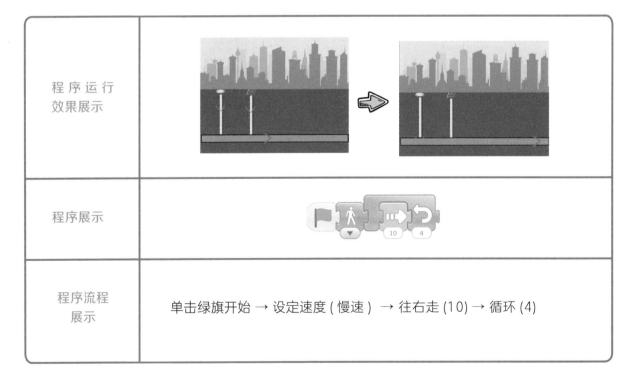
程序展示	
程序流程展示	单击绿旗开始 → 设定速度 (慢速) → 往右走 (10) → 循环 (4)

2. 纵向水流方向：形象生动地表示水流的流向

程序展示	
程序流程 展示	单击绿旗开始　→　往下走 (5) → 隐藏 → 往上走 (5) → 显示 → 循环 (4) → 隐藏

JACK 老师，原来是这样啊。

是的，每个城市都会有一套排水系统。

这样城市就不会有积水了，再也不怕下雨了！

后面的任务更有趣，我们一起去学习吧！

12.3 水的循环

12.3.1 添加背景

12.3.2 添加角色

1. 添加污水净化厂角色

2. 添加水流的方向，以及管道角色

选择之前绘制的水流的方向和管道角色。

12.3.3　场景布局

使用放大 和缩小 将角色缩放到合适的大小。

>>>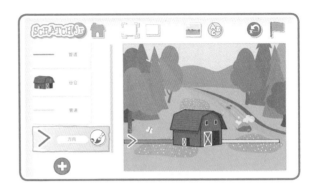

12.3.4　角色程序

横向水流方向：形象生动地表示水流的流向。

程序运行 效果展示	
程序展示	
程序流程 展示	单击绿旗开始 → 往右走 (8) → 向左转 (3) → 往上走 (2) → 向左转 (6) → 往下走 (2) → 向左转 (3) → 往右走 (10) → 隐藏

拼接程序

拼接场景 1 和场景 2：乌云的程序完成之后，切换到场景 2。

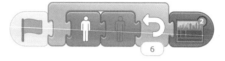

拼接场景 2 和场景 3：横向水流的程序完成之后，切换到场景 3。

拓展训练

发挥创意，在了解城市排水系统的前提下，自己设计一套城市排水系统吧！

扫描二维码观看精彩视频

 # 第13章　讲究个人卫生

　　讲究个人卫生，养成良好的卫生习惯，直接关系到每个人的身体健康，注意个人卫生的方面有很多，本章从勤洗澡和饭前洗手两个方面进行讲解。

13.1　课间时间

13.1.1　添加背景

选中所需的空房间背景。

13.1.2　添加角色

1. 添加 4 个人物角色

 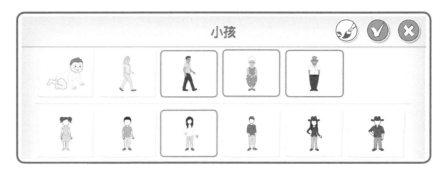

2. 绘制风角色

◎ 第 1 步：单击添加角色 ⊕ ，并单击绘图编辑器 🎨，开始绘图。

◎ 第 3 步：保存背景。

◎ 第 2 步：选择黑线，绘制风的造型。

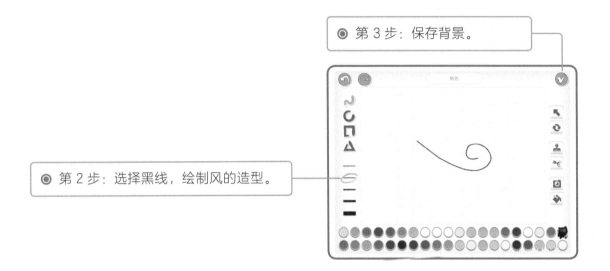

13.1.3　场景布局

使用放大 和缩小 将角色缩放到合适的大小。

>>>

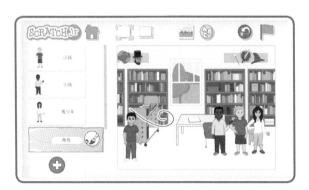

13.1.4 角色程序

1. 小孩（红衣服小男孩）: 小孩在聊天，看到不洗澡的主角不跟他玩

程序展示		
程序流程 展示	单击绿旗开始 → 说话 (…)	收到（一阵风发送的）红色消息开始 → 往右走 (4) → 隐藏

2. 小孩（黄衣服小男孩）: 小孩在聊天，看到不洗澡的主角不跟他玩

程序展示		
程序流程 展示	单击绿旗开始 → 等待 (10) → 说话 (…)	收到（一阵风发送的）红色消息开始 → 往右走 (6) → 隐藏

3．小孩（黄衣服小女孩）：小孩在聊天，看到不洗澡的主角不跟他玩

程序展示		
程序流程展示	单击绿旗开始 → 等待 (20) → 说话 (…)	收到（一阵风发送的）红色消息开始 → 往右走 (2) → 隐藏

4．一阵风：当主角跑出来的时候，像是带了一阵风

程序展示		
程序流程展示	单击绿旗开始 → 隐藏	收到（主人公发送的）橙色消息开始 → 显示 → 发送红色消息

5. 主人公小孩（穿紫色衣服的小男孩）: 跑来和大家玩

程序运行 效果展示	
程序展示	
程序流程 展示	单击绿旗开始 → 等待 (15) → 往右走 (8) → 说话 (嗨 , 我来了) → 发送橙色消息

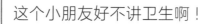

这个小朋友好不讲卫生啊！

小朋友要勤洗手，勤洗澡，千万不要不讲卫生！

13.2　不讲卫生会生病

13.2.1　添加背景

13.2.2　添加角色

 苍蝇的角色已经添加完了，现在就来绘制气味角色吧！

第 2 步：保存背景。

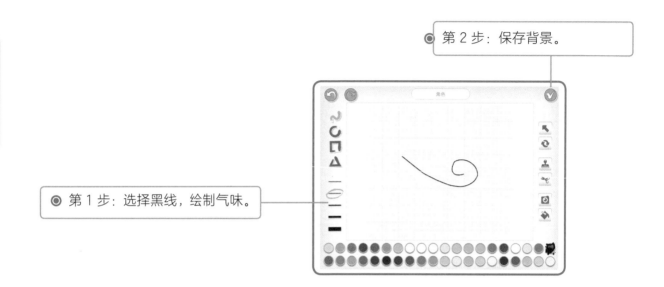

第 1 步：选择黑线，绘制气味。

13.2.3 场景布局

使用放大 和缩小 将角色缩放到合适的大小。

>>>

13.2.4　角色程序

1. 气味：闪烁的气味（4 种气味的隐藏和显示分开）

程序展示	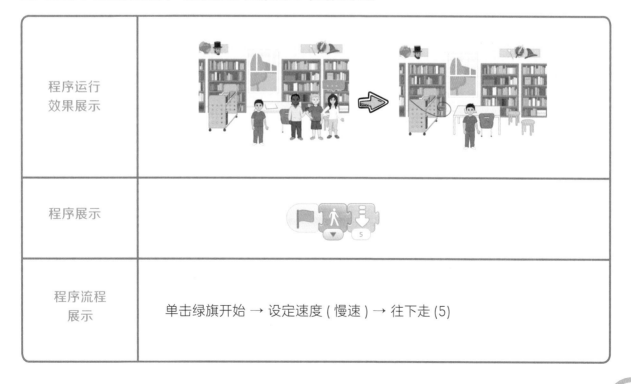
程序流程展示	单击绿旗开始 → 循环 (4) → 隐藏 / 显示

2. 苍蝇：苍蝇从室外飞到紫色衣服的小男孩身边

程序运行效果展示	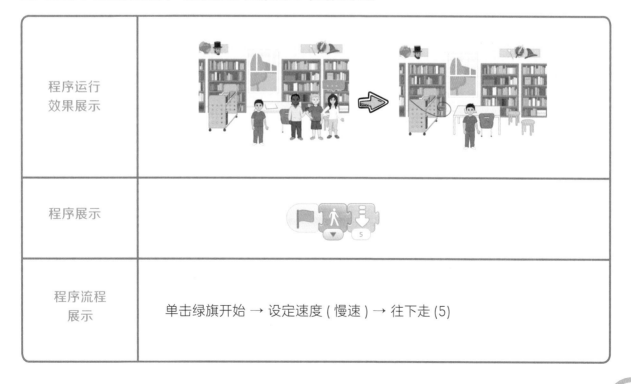
程序展示	
程序流程展示	单击绿旗开始 → 设定速度 (慢速) → 往下走 (5)

13.3 创建场景 3

13.3.1 添加背景

空房间

选中教室背景。

13.3.2 添加角色

1. 添加蛋糕、桌子、凳子角色

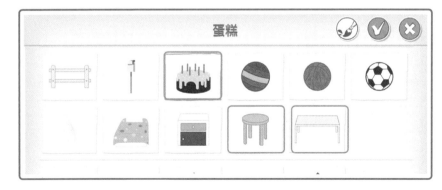

蛋糕

2. 添加妈妈角色

3. 添加苹果、桃子角色

13.3.3　场景布局

使用放大 和缩小 将角色缩放到合适的大小。

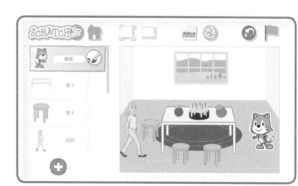

13.3.4 角色程序

1. 小猫：小猫发现妈妈准备了好多好吃的，没洗手就去吃东西了

程序运行 效果展示	
程序展示	
录音	今天饭菜好丰盛啊！
程序流程 展示	单击绿旗开始 → 播放录音 (1) → 往上走 (2) → 往左走 (5) → 跳起来 (2)

13.4　创建场景 4

13.4.1　添加背景

选中卧室场景。

13.4.2　添加角色

1. 添加妈妈角色

2. 添加小猫角色

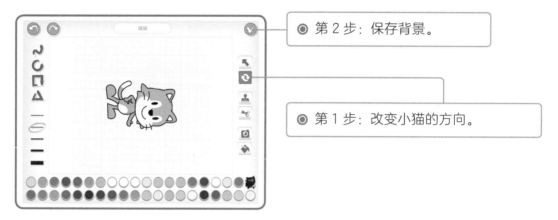

◎ 第 2 步：保存背景。

◎ 第 1 步：改变小猫的方向。

13.4.3　场景布局

使用放大 和缩小 将角色缩放到合适的大小。

>>>

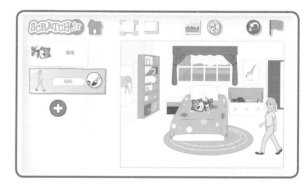

13.4.4　角色程序

1. 小猫：小猫饭前没洗手，饭后肚子疼．在床上翻来翻去

程序运行 效果展示	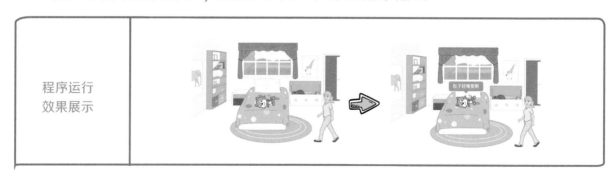

程序展示	
录音	肚子好难受呀！
程序流程 展示	单击绿旗开始 → 设定速度 (慢速) → 往下走 (1) → 往上走 (1) → 说话 (肚子好难受啊) → 循环 (4) → 发送橙色消息

2. 妈妈：告诫小猫饭前要洗手

程序展示	
声音	吃饭之前要洗手。
程序流程 展示	收到 (小猫发送的) 橙色消息开始 → 往左走 (5) → 播放录音 (1)

拼接程序

拼接场景 1 和场景 2：紫色衣服小男孩的程序完成之后，切换到场景 2。

拼接场景 2 和场景 3：一种气味的程序结束之后，切换到场景 3。

小猫的程序结束之后，切换到场景 4。

拓展训练

发挥创意，把你认为讲卫生的例子用 ScratchJr 表现出来！

扫描二维码观看精彩视频

 # 第 14 章 着火了快跑

我们今天就来记录一下发生火灾时应该如何应对吧。

14.1 逃生知识

14.1.1 添加背景

空房间

◉ 选中所需的空房间背景。

14.1.2 添加角色

1. 绘制火苗 1 角色

◉ 第 2 步：保存背景。

◉ 第 1 步：绘制出火的形状，并填充颜色。

2. 绘制火苗 2 角色

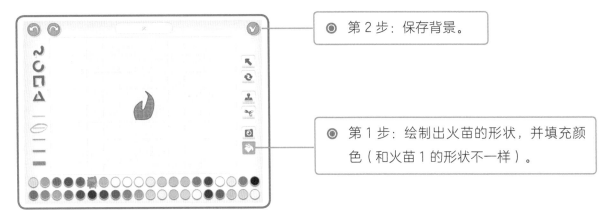

◎ 第2步：保存背景。

◎ 第1步：绘制出火苗的形状，并填充颜色（和火苗1的形状不一样）。

3. 改变小猫的角色

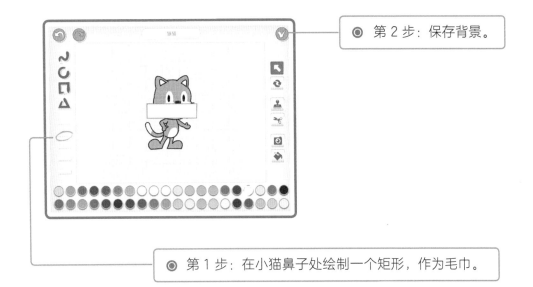

◎ 第2步：保存背景。

◎ 第1步：在小猫鼻子处绘制一个矩形，作为毛巾。

14.1.3 场景布局

使用放大 ![img] 和缩小 ![img] 将角色缩放到合适的大小。

>>>

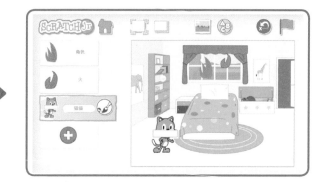

14.1.4 角色程序

1. 小猫：小猫遇到大火，弯着腰跑出家门

程序运行效果展示	
程序展示	▶ 💬 着火啦 ↻ 2 ⇥ 15 ↺ 2 ↑ 6 🧍
程序流程展示	单击绿旗开始 → 说话(着火啦) → 往右转(2) → 往右走(15) → 往左转(2) → 往上走(6) → 隐藏

2. 火：一闪一闪地模拟着火

程序展示	
程序流程 展示	单击绿旗开始 → 隐藏 → 显示 → 无限循环

JACK 老师，如果发生火灾，我们该怎么办呢？

当发生火灾时，我们可以这样做：
　　1. 在浓烟中逃生，要尽量放低身体，并用湿毛巾捂住嘴鼻。
　　2. 躲避烟火时不要往阁楼、床底、木橱内钻。
　　3. 如果身上着火，千万不要奔跑，要就地打滚，压灭身上的火苗。

如果有条件，我们还可以先拨打火警电话 119。

码小高说的不错，大家还知道其他的消防知识吗？

14.2　发生火灾

14.2.1　添加背景

选中所需的空房间背景。

14.2.2　添加角色

添加床的角色。

床的角色，我们已经添加完了，接下来绘制冒烟效果吧！

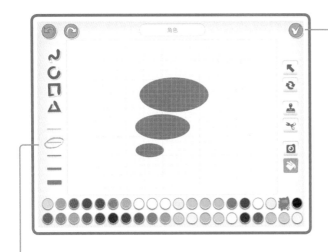

◎ 第 2 步：保存背景。

◎ 第 1 步：绘制大小不一的椭圆形作为冒烟效果。

14.2.3　场景布局

使用放大 和缩小 将角色缩放到合适的大小，用不亮的灯泡把发亮的灯泡盖住。

>>>

14.2.4 角色程序

1. 小猫：小猫出不去，在窗口大声呼救

程序展示	
声音	救命呀！
程序流程展示	单击绿旗开始 → 往上走 (4) → 往右走 (5) → 循环 (4) → 播放录音 (1)

2. 火和冒烟：一闪一闪地模拟着火

程序展示	
程序流程展示	单击绿旗开始 → 隐藏 → 显示 → 无限循环

14.3　火灾救援

14.3.1　添加背景

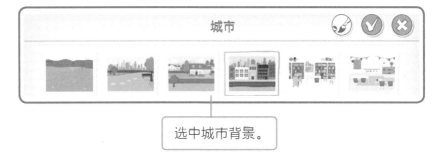

选中城市背景。

14.3.2　添加角色

1. 添加公交车角色

2. 将公交车角色改成医疗车角色

◉ 第 1 步：改变公交车的颜色，绘制两个矩形作为救护车的标志。

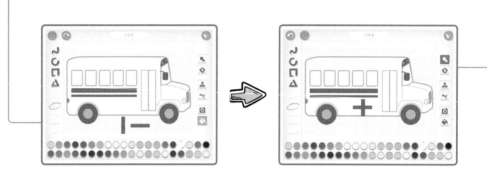

◉ 第 2 步：将标志放到合适的位置。

14.3.3 场景布局

调整画面的布局，使角色缩放到合适的大小和位置。

 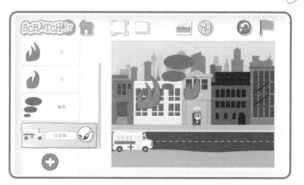

14.3.4 角色程序

1. 扇叶：风吹动扇叶转动发电

程序展示		
程序流程展示	单击绿旗开始 → 隐藏	收到 (医疗车发送的) 红色消息开始 → 显示 → 往下走 (2) → 隐藏 → 发送黄色消息

2. 火和冒烟：形象生动地表示火在燃烧和冒烟的效果

程序展示	
程序流程展示	单击绿旗开始 → 隐藏 → 显示 → 无限循环

3. 救护车：救护车把小猫接走了

程序展示		
程序流程展示	单击绿旗开始 → 设定速度 (快速) → 往右走 (8) → 发送红色消息	收到 (小猫发送的) 黄色消息开始 → 往右走 (8) → 隐藏

拼接程序

拼接场景 1 和场景 2：小猫的程序完成之后，切换到场景 2。

拼接场景 2 和场景 3：小猫的程序完成之后，切换到场景 3。

拓展训练

1. 发挥创意，把本章的场景画得更加美观！

2. 你还知道哪些发电方式，可以使用 ScratchJr 表现出来吗？

扫描二维码观看精彩视频

 # 第15章　恐龙与化石

　　恐龙是一种生活在 6500 万年前的远古动物，矫健的四肢、长长的尾巴和庞大的身躯是大多数恐龙的形象。

15.1 活跃的恐龙

15.1.1 添加背景

选中所需的农场背景。

15.1.2 添加角色

1. 添加树和花的角色

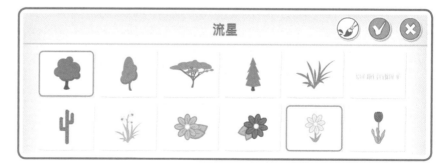

2. 绘制翼龙、霸王龙和食草龙角色

◎ 第 1 步：单击添加角色 ⊕ ，并单击绘图编辑器 🖌️，开始绘图。

◎ 第 2 步：绘制翼龙的头部、眼睛、身体、翅膀和爪子，并填充颜色。

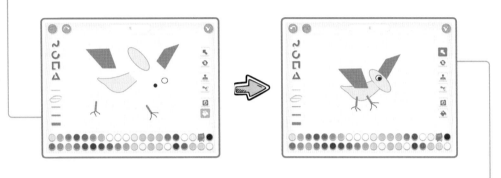

◎ 第 3 步：将绘制的部分组合起来，使其更像一只翼龙。

霸王龙、食草龙和翼龙的绘制思路大致相同，让我们一起来绘制吧！！

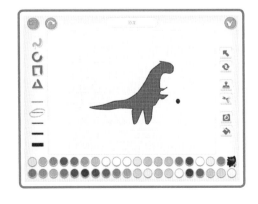 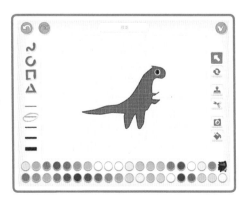

ScratchJr

JACK 老师好厉害呀，会画这么多恐龙！

恐龙的画法都大致相同，码小高，你也来试着画一些其他的恐龙吧！

好啊，好啊！现在我就去画喽！

15.1.3 场景布局

使用放大 和缩小 将角色缩放到合适的大小。

15.1.4　角色程序

1. 翼龙：翼龙在天上飞来飞去

程序展示	
程序流程展示	单击绿旗开始 → 往右走 (5) → 循环 (4)

2. 食草龙：食草龙在平原上散步

程序展示	
程序流程展示	单击绿旗开始 → 往左走 (5) → 循环 (4)

3. 霸王龙：霸王龙也在散步

程序运行 效果展示	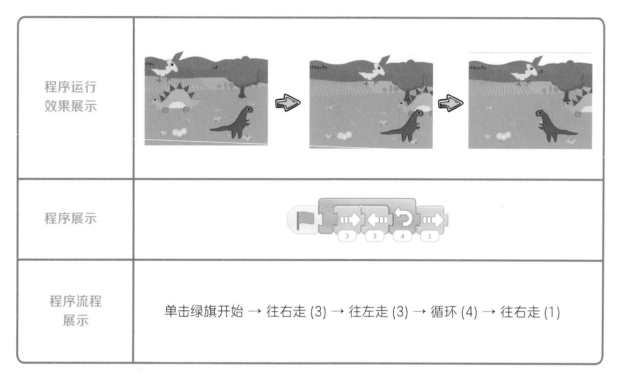
程序展示	
程序流程 展示	单击绿旗开始 → 往右走 (3) → 往左走 (3) → 循环 (4) → 往右走 (1)

这些恐龙好有趣呀，我要是生活在恐龙时代就好了，一定很好玩儿！

15.2　火山爆发了

15.2.1　添加背景

◎ 第 1 步：使用 ScratchJr 自带的农场场景，并进行修改。

◎ 第 2 步：选择填充工具 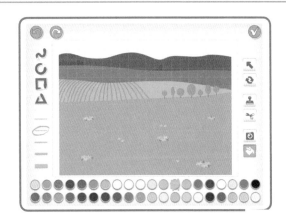，改变农场背景中的颜色。

15.2.2　添加角色

在场景 1 中，我们已经绘制过翼龙、霸王龙、食草龙的角色，现在将它们直接添加到场景 2 吧！

恐龙的角色已经添加完了，接下来绘制火山吧！

◎ 第 1 步：绘制山、岩浆、冒烟圈，并填充合适的颜色。

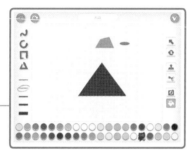 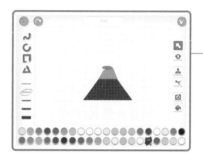

◎ 第 2 步：将其组合起来，使其看起来更像一座火山！

◎ 第 3 步：最后，我们还可以绘制一些烟，使其看起来更加形象。

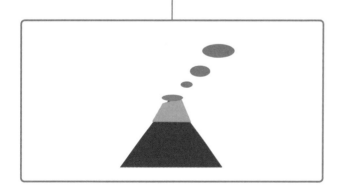 

注意

要用冒烟圈将山顶遮住！

码小高，不错啊！越来越厉害了！

15.2.3　场景布局

使用放大 和缩小 [ ] 将角色缩放到合适的大小。

>>>

15.2.4　角色程序

1. 食草龙和翼龙：火山爆发，恐龙都在逃亡

程序展示	
程序流程 展示	单击绿旗开始→ 往右走 (5) → 循环 (4)

2. 霸王龙 : 火山爆发 , 霸王龙让大家快跑

程序运行效果展示	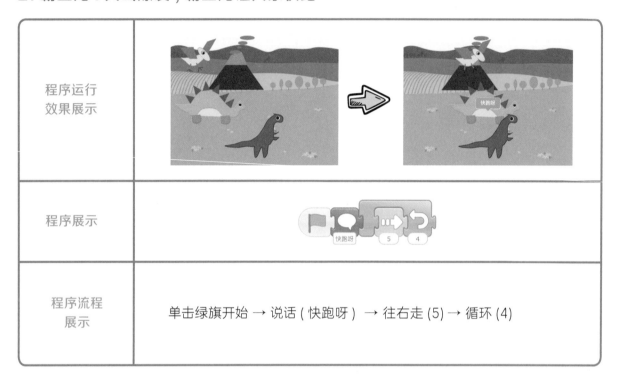
程序展示	快跑呀 5 4
程序流程展示	单击绿旗开始 → 说话 (快跑呀) → 往右走 (5) → 循环 (4)

3. 冒烟 : 火山爆发 , 冒出滚滚浓烟

程序展示	4
程序流程展示	单击绿旗开始 → 隐藏 / 显示 → 循环 (4)

15.3　恐龙死亡

15.3.1　添加背景

◎ 第 1 步：选中夏季场景。

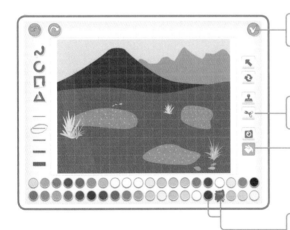

◎ 第 4 步：保存背景。

◎ 第 2 步：去掉场景中多余的房子和树。

◎ 第 3 步：填充与土地和山体相近的颜色。

 由于火山喷发，导致环境恶化，植物大量死亡。

15.3.2 添加角色

霸王龙已经死了，所以这里我们只需要添加翼龙和食草龙！

15.3.3 场景布局

使用放大 和缩小 将角色缩放到合适的大小。

15.3.4 角色程序

1. 食草龙：食草龙没有吃的植物，慢慢死亡了

程序展示	
程序流程展示	单击绿旗开始 → 往右走 (1) → 循环 (4) → 往左转 (1) → 循环 (6)

2. 翼龙：翼龙没有吃的食物，也慢慢死亡了

程序运行 效果展示	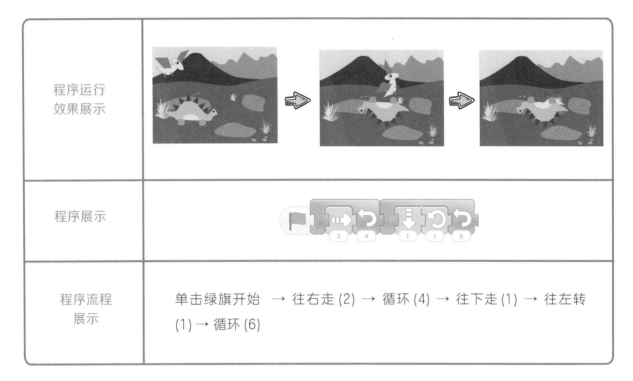
程序展示	
程序流程 展示	单击绿旗开始　→　往右走 (2)　→　循环 (4)　→　往下走 (1)　→　往左转 (1)　→　循环 (6)

原来这些恐龙是这样死亡的呀！

 是的，恐龙没有吃的食物，就慢慢死亡了！

 现在只有恐龙化石！

15.4 发现了恐龙化石

15.4.1 添加背景

小河

15.4.2 添加角色

绘制化石角色。

◉ 第 1 步：绘制恐龙和化石。

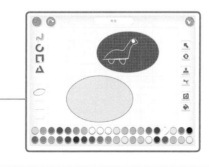 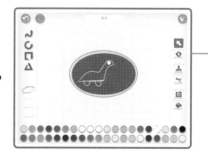

◉ 第 2 步：将其组合起来，使其看起来更像一个化石！

15.4.3　场景布局

使用放大 和缩小 将角
色缩放到合适的大小。

>>>

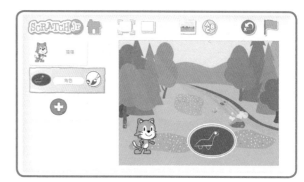

15.4.4　角色程序

小猫：小猫在河边发现了一块化石

程序运行 效果展示	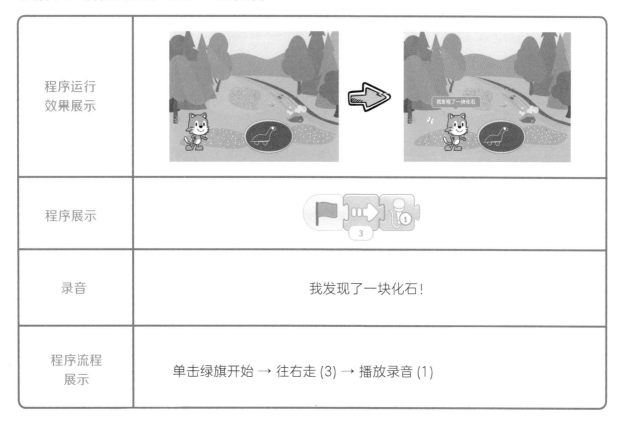
程序展示	
录音	我发现了一块化石！
程序流程 展示	单击绿旗开始 → 往右走 (3) → 播放录音 (1)

拼接场景 1 和场景 2：霸王龙的程序完成之后，切换到场景 2。

拼接场景 2 和场景 3：霸王龙的程序完成之后，切换到场景 3。

拼接场景 3 和场景 4：翼龙的程序完成之后，切换到场景 4。

拓展训练

发挥自己的创意，把本章的恐龙画得更漂亮！

扫描二维码观看精彩视频

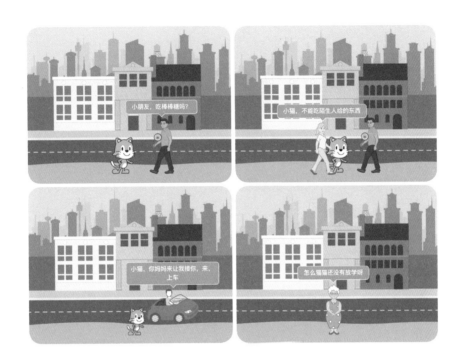

 # 第16章　小心陌生人

　　小朋友独自在外一定要具备自我保护的意识，遇到陌生人给的糖果，千万不能吃，遇到自称是家人的朋友，也一定不能相信。本章将教小朋友如何保护自己。

16.1 不吃陌生人给的东西

16.1.1 添加背景

城市

◎ 第 1 步：选中所需的城市背景。

◎ 第 3 步：保存背景。

◎ 第 2 步：留下两三座楼房即可，多余的楼房可以删除。

16.1.2　添加角色

1. 添加老师、坏人

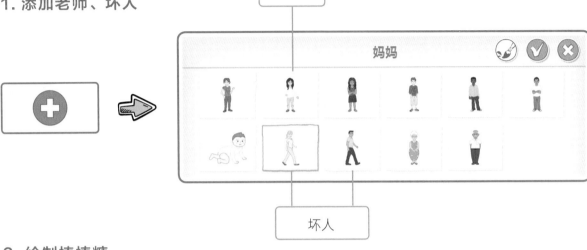

老师

妈妈

坏人

2. 绘制棒棒糖

◉ 第 1 步：绘制不同颜色的圆形，作为棒棒糖的部分；绘制一个矩形作为棒棒糖糖杆。

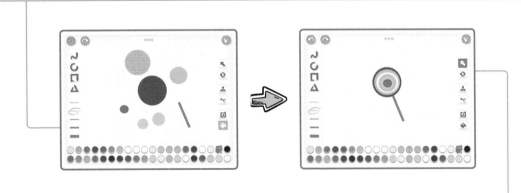

◉ 第 2 步：将其拼成棒棒糖的形状，不同的圆形组合在一起，会更加漂亮！

Scratch.Jr

16.1.3 场景布局

使用放大 和缩小 ⬛ 将角
色缩放到合适的大小。

>>>

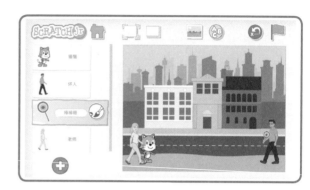

16.1.4 角色程序

1. 小猫：小猫去上学

程序展示		
程序流程 展示	单击绿旗开始 → 往右走 (7)	收到 (老师发送的) 红色消息开始 → 往上走 (3) → 隐藏

2. 坏人：拿着棒棒糖骗小朋友

程序运行 效果展示	
程序展示	
录音	小朋友吃棒棒糖吗？
程序流程 展示	单击绿旗开始 → 往左走 (5) → 播放录音 (1) → 发送橙色消息

3. 老师：老师去学校，遇到小猫被骗，提醒小猫

程序展示		
程序流程 展示	单击绿旗开始 → 隐藏	收到 (老师发送的) 红色消息开始 → 往上走 (3) → 隐藏

程序展示	
录音	小猫，不能吃陌生人给的东西。
程序流程展示	收到 (坏人发送的) 橙色消息开始 → 显示 → 往右走 (7) → 播放录音 (1) → 发送红色消息

4. 棒棒糖 : 坏人拿着棒棒糖 , 棒棒糖跟着人移动

程序展示	
程序流程展示	单击绿旗开始 → 往左走 (5)

小朋友，记得不要吃陌生人给的东西哦！

16.2　听信了陌生人的话

16.2.1　添加背景

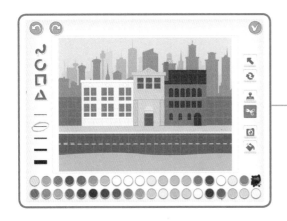

使用场景 1 修改后的背景作为场景 2 的背景。

16.2.2　添加角色

添加司机角色。

16.2.3 场景布局

使用放大 和缩小 将角色缩放到合适的大小。

>>>

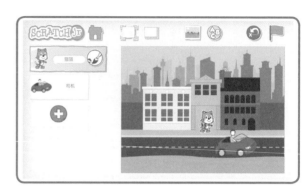

16.2.4 角色程序

1. 小猫：小猫相信了坏人，跟着坏人走了

程序展示		
程序流程展示	单击绿旗开始 → 往下走 (4) → 发送橙色消息	收到红色消息开始 → 往右走 (2) → 往上走 (1) → 隐藏 → 发送黄色消息

Scratch Jr

2. 司机：司机骗小猫，让小猫和他走

程序展示		
录音	小猫，你妈妈让我来接你，来，上车。	
程序流程展示	收到黄色消息开始 → 播放录音 (1) → 发送红色消息	收到黄色消息开始 → 往右走 (5) → 隐藏

这些人也太坏了！

 这些人是很坏，所以我们才更要保护好自己。

骗术那么多，我们要怎样提防呢？

 最简单的办法就是不要相信陌生人。

JACK 老师，我知道了，小朋友们都记住了吗？

16.3 着急等待中的奶奶

16.3.1 添加背景

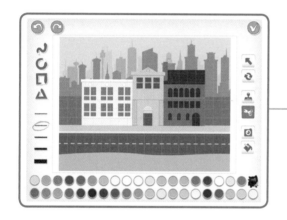

使用场景 1 修改后的背景作为场景 3 的背景。

16.3.2 添加角色

添加奶奶角色

16.3.3　场景布局

调整画面的布局，使图片放到合适的大小和位置。

>>>

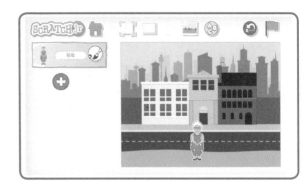

16.3.4　角色程序

奶奶：奶奶等了小猫好久，都没见到小猫

程序展示	
声音	怎么小猫还没放学呀！
程序流程展示	单击绿旗开始 → 往左走 (7) → 往右走 (7) → 播放录音 (1) → 循环 (2)

小朋友们注意哦！坏人的骗术有很多种，所以不管是因为什么，都不能和陌生人走！

ScratchJr

拼接程序

拼接场景 1 和场景 2：小猫的程序结束后切换场景。

 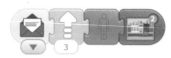

拼接场景 2 和场景 3：司机的程序结束后切换场景。

拓展训练

发挥创意，做一个防骗的动画吧！

扫描二维码观看精彩视频

第17章　未来的畅想

　　未来是一个智能时代，会有许多有趣的事情，小朋友，你希望在未来发生什么有趣的事呢？

17.1　家庭机器人

17.1.1　添加背景

选中所需的空房间背景。

17.1.2　添加角色

1. 添加凳子、桌子、蛋糕角色

 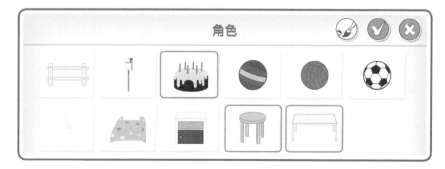

2. 绘制机器人角色

◉ 第 1 步：单击添加角色 ，并单击绘图编辑器 ✏️，开始绘图。

◉ 第 2 步：绘制机器人的头部、五官、身体、腿，以及头上的装饰品，并填充颜色。

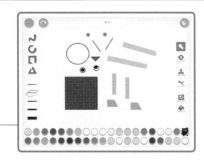 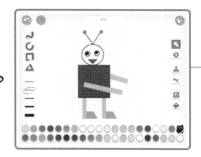

◉ 第 3 步：将绘制的部分组合成一个机器人，然后保存。

17.1.3 场景布局

使用放大 和缩小 将角色缩放到合适的大小。

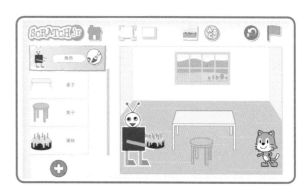

17.1.4 角色程序

1. 机器人：机器人把蛋糕放到桌子上

程序运行 效果展示	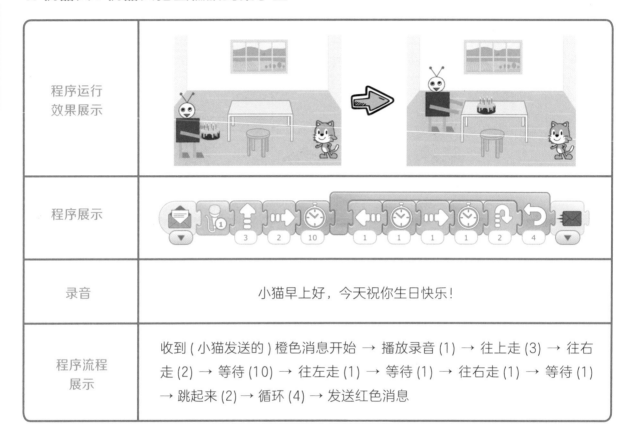
程序展示	
录音	小猫早上好，今天祝你生日快乐！
程序流程 展示	收到 (小猫发送的) 橙色消息开始 → 播放录音 (1) → 往上走 (3) → 往右走 (2) → 等待 (10) → 往左走 (1) → 等待 (1) → 往右走 (1) → 等待 (1) → 跳起来 (2) → 循环 (4) → 发送红色消息

2. 小猫：吃了早饭去上学

程序运行 效果展示	

程序展示		
录音	早上好啊，码小高！	我要去上学喽！
程序流程展示	单击绿旗开始 → 播放录音 (1) → 发送橙色消息	收到 (机器人发送的) 红色消息开始 → 往上走 (6) → 往左走 (8) → 播放录音 (2)

这个机器人好方便呀！

 相信在未来的生活中，机器人会成为必不可少的组成部分。

我也想要一个这样的机器人，这样就可以帮我做家务了！

 码小高，你还可以再懒一点吗？

嘿嘿嘿……

17.2 坐飞碟上学

17.2.1 添加背景

郊区

选中所需的郊区背景。

17.2.2 添加角色

◉ 第 1 步：绘制飞碟的船身、天线，以及装饰部分，然后填充颜色。

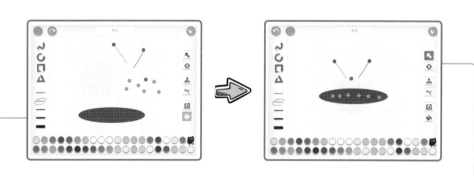

◉ 第 2 步：将其组合起来，使其看起来更像一个飞碟！

17.2.3 场景布局

在脚本区使用外观积木中的放大积木 与缩小积木 调节角色的大小。

>>>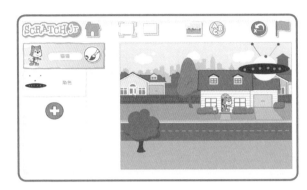

17.2.4 角色程序

1. 小猫：出家门，乘坐飞碟

程序展示		
程序流程展示	单击绿旗开始→ 隐藏	收到 (飞碟发出的) 黄色消息开始→ 显示往下走 (5) → 往右走 (3) → 隐藏→ 发送红色消息

2.飞碟：飞碟接小猫去上学

程序运行 效果展示		
程序展示		
程序流程 展示	单击绿旗开始 → 往下走 (9) → 发送橙色消息	收到 (小猫发出的) 红色消息开始 → 往左走 (8)/ 往上走 (8)

17.3　飞到了太空

17.3.1　添加背景

选中教室场景。

17.3.2　添加角色

1. 添加老师角色

2. 添加火箭角色

17.3.3 场景布局

调整画面的布局，使图片缩放到合适的大小和位置。

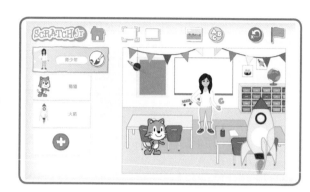

17.3.4 角色程序

1. 老师：老师讲课

程序展示	
录音	我们去太空学知识吧！
程序流程展示	单击绿旗开始 → 播放录音 (1) → 发送橙色消息

2. 小猫：小猫坐飞船去太空

程序展示	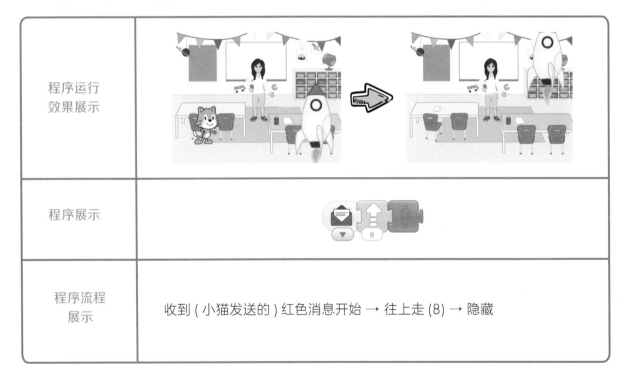
程序流程 展示	收到 (老师发送的) 橙色消息开始 → 往右走 (11) → 隐藏 → 发送红色消息

3. 飞船：飞船飞向太空

程序运行 效果展示	
程序展示	
程序流程 展示	收到 (小猫发送的) 红色消息开始 → 往上走 (8) → 隐藏

17.4 在太空中遨游

17.4.1 添加背景

  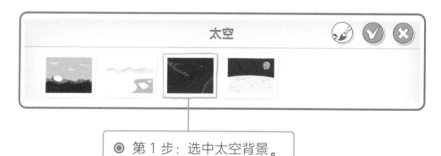

太空

◎ 第 1 步：选中太空背景。

◎ 第 5 步：保存背景。

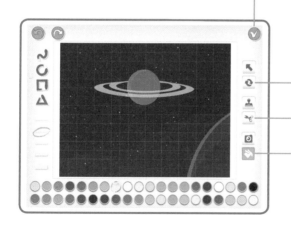

◎ 第 4 步：改变太阳系方向。

◎ 第 2 步：删除多余的小星球。

◎ 第 3 步：填充颜色。

17.4.2　添加角色

1. 添加火箭角色

2. 添加地球角色

17.4.3　场景布局

使用放大 和缩小 将角
色缩放到合适的大小。

 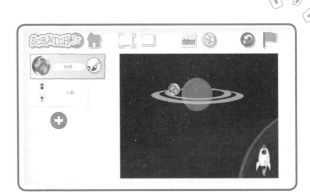

17.4.4 角色程序

1. 地球：地球绕太阳旋转

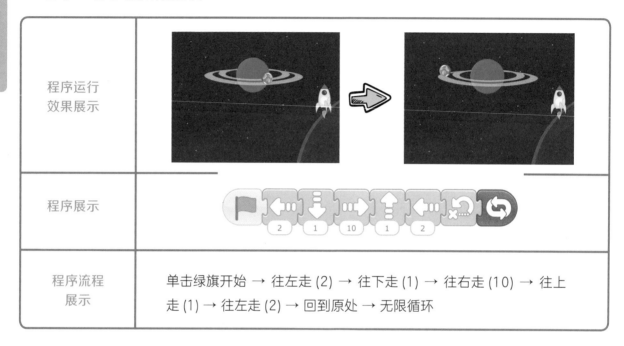

程序运行 效果展示	
程序展示	
程序流程 展示	单击绿旗开始 → 往左走 (2) → 往下走 (1) → 往右走 (10) → 往上 走 (1) → 往左走 (2) → 回到原处 → 无限循环

2. 火箭：从火箭里看外太空

程序展示	
录音	哇，外太空好美呀！
程序流程 展示	单击绿旗开始 → 往上走 (5) → 播放录音 (1)

拼接场景 1 和场景 2：小猫的程序完成之后，切换到场景 2。

拼接场景 2 和场景 3：飞碟的程序完成之后，切换到场景 3。

拼接场景 3 和场景 4：火箭的程序完成之后，切换到场景 4。

拓展训练

发挥创意，想一想太空中还有什么呢？自己动手绘制一下，想办法让太空更加丰富起来吧！

扫描二维码观看精彩视频

 第18章　神奇的电力

我们日常生活中经常使用电器，比如电灯、电热水器、电饭锅、计算机等，没有电的话，这些电器就不能工作，本章我们了解一下电灯的工作原理和两种发电方式。

18.1 发光的灯泡

18.1.1 添加背景

◉ 第 1 步：选中所需的卧室背景。

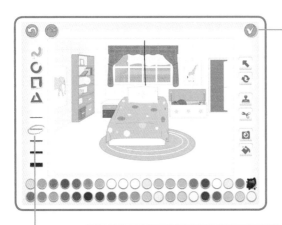

◉ 第 3 步：保存背景。

◉ 第 2 步：在房间中绘制一根电线。

18.1.2 添加角色

1. 绘制灯泡角色

◉ 第 1 步：绘制出灯泡的外罩和灯丝部分。

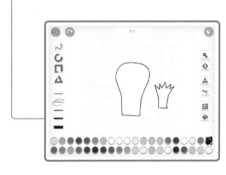 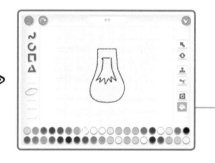

◉ 第 2 步：将其组合在一起，并填充颜色。

2. 绘制闪光角色

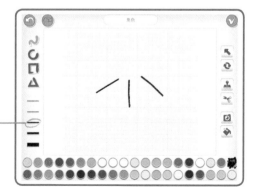

◉ 选择中等粗细的黑线，绘制灯丝。

18.1.3　场景布局

使用放大 和缩小 将角色缩放到合适的大小。

>>>

18.1.4　角色程序

闪光 : 模拟电灯发光。

程序展示	
程序流程展示	单击绿旗开始→ 隐藏 / 显示 → 循环 (4)

18.2 绘制电路图

18.2.1 添加背景

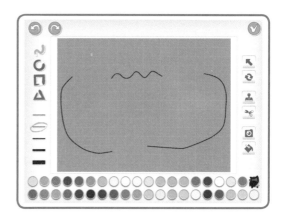

18.2.2 添加角色

码小高，你知道这次任务我们都需要绘制什么吗？

电灯泡、不亮的电灯泡、插座、电池、开关……

嗯，不错，那你知道怎样绘制吗？

当然知道了，现在就开始绘制了喽！

◉ 第 1 步：我们可以在之前绘制的灯泡基础上，加入灯座和开关图形。

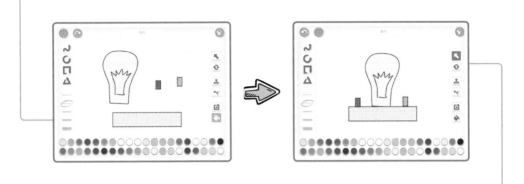

◉ 第 2 步：使用拖曳工具把图形组成一个带灯座的电灯。

电灯泡绘制完成了，我们就来绘制电池吧！

◉ 第 1 步：绘制出电池的外观轮廓和电量图，并给电量图添加颜色。

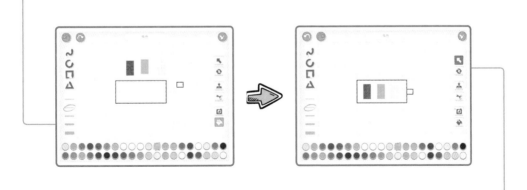

◉ 第 2 步：使用拖曳工具把图形组成一个带灯座的电灯。

电池有了，接下来就是绘制开关了！

◉ 第 1 步：绘制开关的底座部分、开关按钮，以及螺丝钉，并填充颜色。

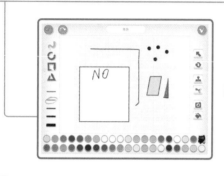 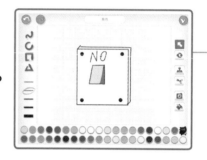

◉ 第 2 步：将绘制的部分组成开关的形状，注意要区分开和关。

还有不亮的电灯泡和"发光"！

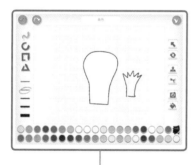

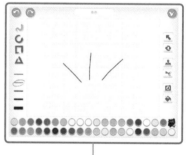

把前面绘制的黄色灯泡改为白色，不亮的电灯泡完成了！

选择黑色的线，绘制图形，并保存发光角色。

不错呀！码小高，全部答对了！

18.2.3　场景布局

使用放大 和缩小 将角色缩放到合适的大小。

>>>

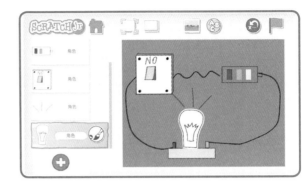

18.2.4　角色程序

1. 开关：单击开关，接通电路

程序展示	
程序流程展示	单击角色时开始 → 发送橙色消息

2. 闪光：模拟电灯发光

程序展示		
程序流程 展示	单击绿旗开始 → 隐藏	收到 (开关发出的) 橙色消息开始 → 显示 / 隐藏→ 循环 (8)

3. 亮灯泡：接通电源，显示出灯泡发亮

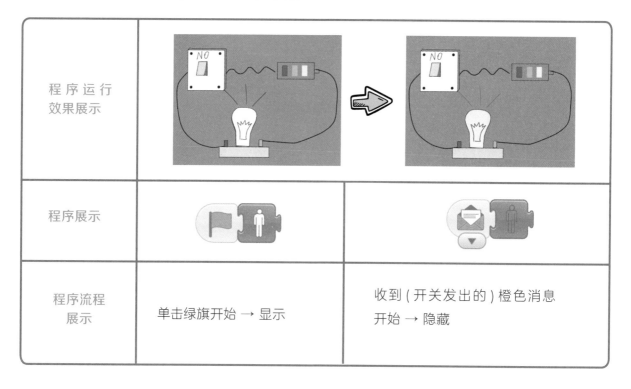

程序运行 效果展示		
程序展示		
程序流程 展示	单击绿旗开始 → 显示	收到 (开关发出的) 橙色消息 开始 → 隐藏

18.3 风力发电

18.3.1 添加背景

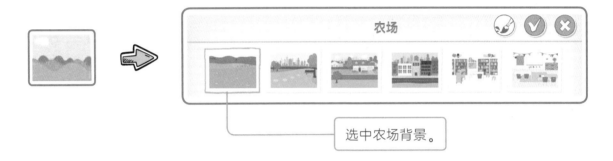

选中农场背景。

18.3.2 添加角色

1. 添加竖杆角色

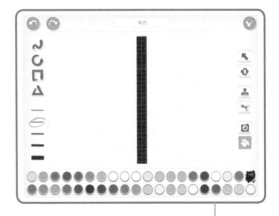

绘制一个矩形，填充为黑色，并保存。

2. 添加扇叶角色

◉ 第 1 步: 绘制出 4 个扇叶和固定件，并填充自己喜欢的颜色。

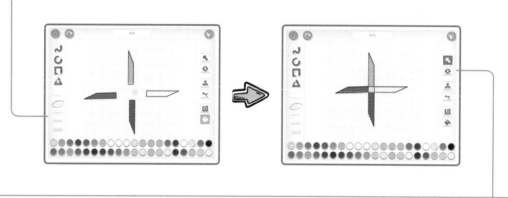

◉ 第 2 步: 将扇叶组成风车的形状。

18.3.3 场景布局

使用放大 和缩小 将角色缩放到合适的大小。 >>>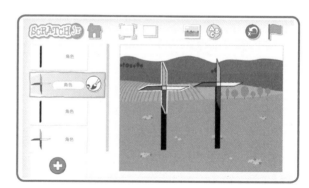

18.3.4　角色程序

扇叶：风吹动扇叶转动发电。

程序展示	(程序模块图)
程序流程展示	单击绿旗开始 → 往右转 (20) → 循环 (4)

码小高，你知道这个风车是怎么发电的吗？

这个不知道啊，风车是怎么发电的呢？

其实这就是风力发电，它的原理是利用风力带动风车叶片旋转，再通过增速机将旋转的速度提升，来促使发电机发电。

哇！好神奇呀！

18.4 水力发电

18.4.1 添加背景

◎ 第 1 步：选中海边黑夜场景。

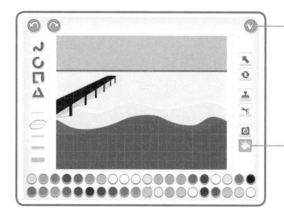

◎ 第 3 步：保存背景。

◎ 第 2 步：改变背景的颜色。

18.4.2　添加角色

绘制发电机角色。

◉ 第 1 步：绘制出发电机的主机部分、机芯部分和配件，并填充颜色。

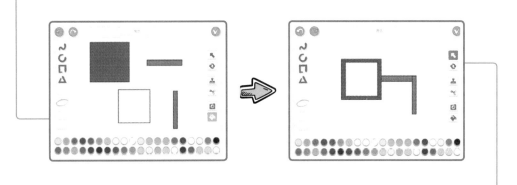

◉ 第 2 步：把图形组合为发电机的形状。

18.4.3　场景布局

使用放大 和缩小 将角色缩放到合适的大小。

＞＞＞

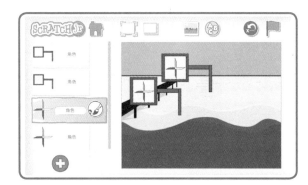

18.4.4 角色程序

扇叶：水流带动扇叶转动发电。

程序展示	
程序流程 展示	单击绿旗开始 → 往右转 (20) → 无限循环

JACK 老师，水也能发电？难道是水力发电？

 没错，就是水力发电。它是利用蕴藏于水体中的位能。为实现将水能转换为电能，需要兴建不同类型的水电站。

哇！好神奇呀！看来要学习的东西还有很多呢！

拼接程序

拼接场景 1 和场景 2：任务 1 的闪光程序完成之后，切换到场景 2。

拼接场景 2 和场景 3：任务 2 闪光程序完成之后，切换到场景 3。

 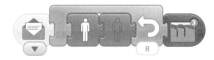

拼接场景 3 和场景 4：扇叶的程序完成之后，切换到场景 4。

拓展训练

1. 发挥创意，把本章的场景画得更加美观！

2. 你还知道哪些发电方式，可以使用 ScratchJr 表现出来吗？

扫描二维码观看精彩视频

 第19章 病毒大作战

在春季或者秋季的时候，我们容易感冒，发烧，家长会带小朋友们去医院看病、吃药、输液。本章我们学习一下为什么会生病，生病后如何恢复！

19.1　病毒入侵

19.1.1　添加背景

◉ 第 1 步：选中图书馆背景。

◉ 第 3 步：保存背景。

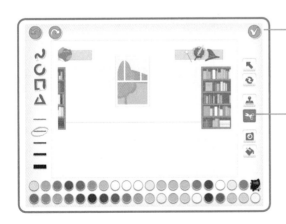

◉ 第 2 步：去掉背景里的一些图。

19.1.2 添加角色

1. 绘制病毒角色

◉ 第 1 步：绘制出病毒的头部、五官和武器部分，并填充颜色。

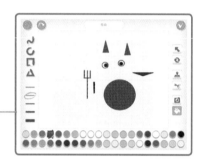

◉ 第 2 步：将其组合在一起，小病毒图案就完成了。

2. 绘制感染源角色

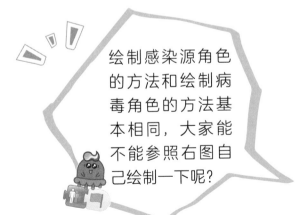

绘制感染源角色的方法和绘制病毒角色的方法基本相同，大家能不能参照右图自己绘制一下呢？

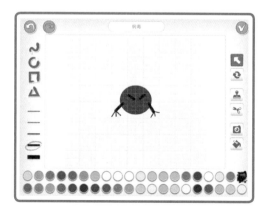

3. 绘制保护罩角色

◉ 第 1 步: 绘制出盾牌的形状、十字架部分及装饰部分，并填充颜色。

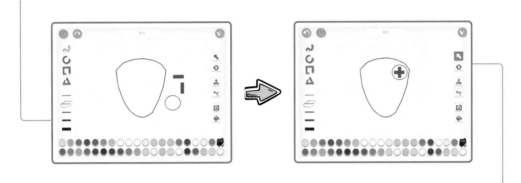

◉ 第 2 步: 把图形组合在一起，使其看起来更像保护罩。

4. 添加小孩角色

19.1.3　场景布局

使用放大 和缩小 将角色缩放到合适的大小。

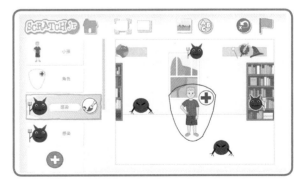

19.1.4 角色程序

1. 病毒 1: 病毒成功入侵到小孩的身体中

程序展示	
程序流程展示	单击绿旗开始 → 设定速度 (慢速) → 往左走 (8)

2. 病毒 2: 病毒入侵小孩身体失败

程序展示		
程序流程展示	单击绿旗开始 → 往下走 (4)	碰到角色开始 → 停止 → 往上走 (4) → 隐藏

3. 感染源：感染源入侵小孩身体失败

程序运行 效果展示	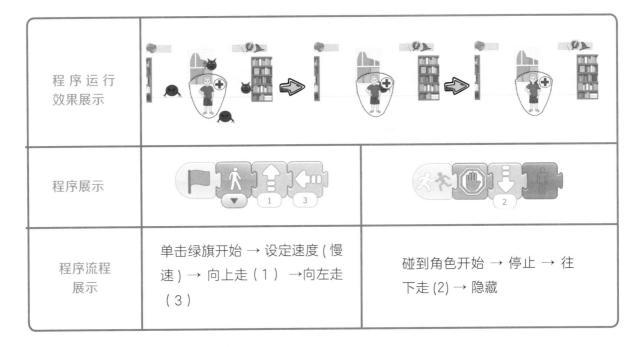	
程序展示		
程序流程 展示	单击绿旗开始 → 设定速度（慢速） → 向上走（1） →向左走（3）	碰到角色开始 → 停止 → 往下走(2) → 隐藏

JACK 老师，病毒会怎样入侵到我们身体里呢？

这个原因就有很多了，比如不洗手就吃东西、天冷的时候不注意保暖等原因。

这么多原因呀！我以后一定要注意！

小朋友要注意这些哦，不要给病毒可乘之机！

19.2 抵抗病毒

19.2.1 添加背景

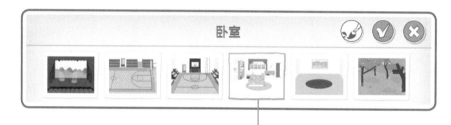

卧室

选中卧室背景。

19.2.2 添加角色

1. 绘制输液瓶角色

◉ 第 1 步：绘制出输液瓶、输液管以及挂液杆，并填充颜色。

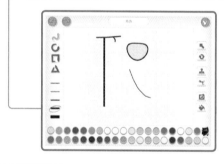 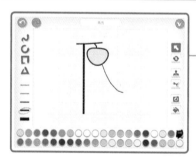

◉ 第 2 步：将其组合成输液瓶挂在挂液杆上的状态。

2. 添加小孩角色

19.2.3　场景布局

使用放大 和缩小 将角色缩放到合适的大小。

>>>

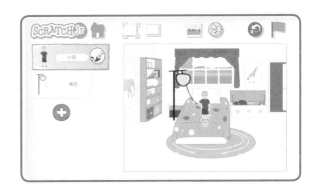

19.2.4　角色程序

小孩：小孩在输液，不能动

程序展示	
程序流程 展示	单击绿旗时开始 → 等待 (20)

19.3　大战病毒

19.3.1　添加背景

◎ 第 1 步：选中水底背景。

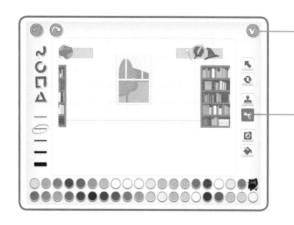

◎ 第 3 步：保存背景。

◎ 第 2 步：删除原背景里的一些图，达到现在的效果。

19.3.2　添加角色

1. 添加小细胞角色

◉ 第 1 步：画出小细胞的形状、五官及装饰物，并填充颜色。

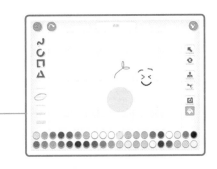 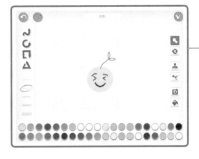

◉ 第 2 步：将其组合起来，小细胞就完成了。

2. 绘制可爱的细胞角色

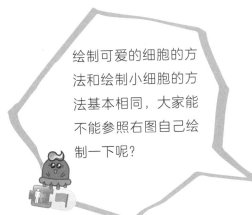

绘制可爱的细胞的方法和绘制小细胞的方法基本相同，大家能不能参照右图自己绘制一下呢？

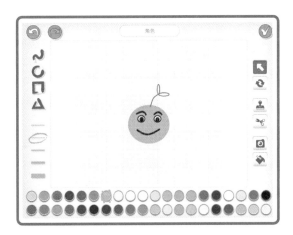

19.3.3 场景布局

调整画面的布局，将病毒和细胞放到合适的大小和位置。 >>>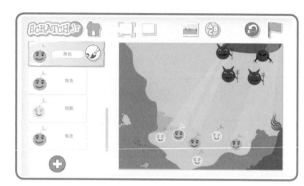

19.3.4 角色程序

1. 细胞：细胞被病毒感染

程序展示	
程序流程 展示	碰到角色开始 → 隐藏

2. 病毒：病毒侵占细胞的领土

程序运行 效果展示	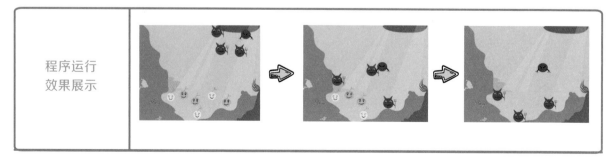

程序流程 展示	点击绿旗开始 → 往下走 (5) → 往左走 (3) → 往下走 (3)

病毒居然战胜了细胞。

当我们生病的时候，抵抗力就会下降，病毒自然就战胜了细胞。

那要怎么办呢？

不用怕，当我们吃了对症的药以后，细胞就会变强，不过大家还是要多运动，这样身体才会更强壮哦！

好，JACK 老师，我现在就去运动！

19.4　战胜病毒

19.4.1　添加背景

◎ 第 1 步：选中水底背景。

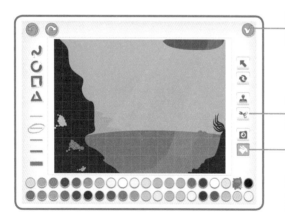

◎ 第 4 步：保存背景。

◎ 第 2 步：删除原背景中的水草。

◎ 第 3 步：改变背景颜色。

19.4.2　添加角色

绘制战斗细胞角色。

◉ 第 1 步：绘制出战斗细胞的头部、五官、帽子、手臂及武器部分，并填充颜色。

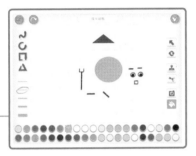 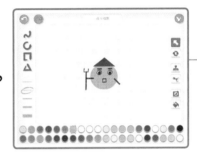

◉ 第 2 步：把图形组合起来，战斗细胞就完成了。

19.4.3　场景布局

使用放大 和缩小 将角色缩放到合适的大小。　>>>

19.4.4 角色程序

1. 病毒和感染：被战斗细胞碰到后消灭

程序展示	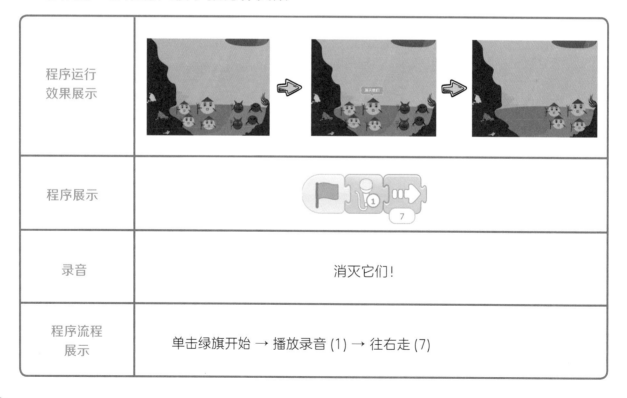
程序流程 展示	碰到角色开始 → 隐藏

2. 感染源：感染源入侵小孩身体失败

程序运行 效果展示	
程序展示	
录音	消灭它们！
程序流程 展示	单击绿旗开始 → 播放录音 (1) → 往右走 (7)

拼接程序

拼接场景 1 和场景 2：入侵成功的细胞程序完成之后，切换到场景 2。

拼接场景 3 和场景 4：病毒的程序完成之后，切换到场景 4。

拼接场景 3 和场景 4：病毒的程序完成之后，切换到场景 4。

拓展训练

　　发挥创意，在了解免疫系统的前提下，结合自己的创意，绘制出更加美观的 ScratchJr 作品。

扫描二维码观看精彩视频